Docteur Georges SURBLED

# PHYSIOLOGIE

## DE

# L'ESPRIT

PARIS

A. MALOINE, ÉDITEUR | CH. AMAT, ÉDITEUR
25-27, RUE DE L'ÉCOLE-DE-MÉDECINE | 11, RUE DE MÉZIÈRES

# PHYSIOLOGIE DE L'ESPRIT

# DU MÊME AUTEUR

**La Morale dans ses rapports avec la médecine et l'hygiène,**
11ᵉ édition, 5 vol. in-18. Beauchesne. Traduit en allemand.
**Le Problème cérébral,** 2ᵉ édition, 1 vol. in-16. Masson.
**Le Cerveau,** nouvelle édition, 1 vol. in-18. Beauchesne et Maloine.
**Le Médecin devant la conscience,** 1 vol. in-32. Beauchesne. Traduit en italien.
**Le Sommeil,** in-8°. Sueur-Charruey.
**Eléments de psychologie,** 2ᵉ édition, 1 vol. in-16. Masson.
**La Volonté,** 4ᵉ édition, 1 vol. in-8°. Maloine et Beauchesne.
**La Folie,** in-8°. Sueur.
**Le Rêve,** 2ᵉ édition, 1 vol. in-12. Téqui.
**La Vie à deux,** 5ᵉ édition, 1 vol. in-16. Maloine.
**La Vie de jeune homme,** 4ᵉ édition, 1 vol. in-16. Maloine. Traduit en espagnol et en arabe.
**La Vie de jeune garçon,** 3ᵃ édition, 1 vol. in-16. Maloine.
**La Mémoire,** 2ᵉ édition, 1 vol. in-12. Téqui.
**Le cerveau et le siège de la sensation,** in-8°. Sueur.
**Le Tempérament,** 2ᵉ édition, 1 vol. in-12. Téqui.
**Neurones cérébraux et psychisme transcendant,** in-8°. Sueur.
**Le Sous-Moi,** 2ᵉ édition, 1 vol. in-18. Maloine.
**Spiritualisme et spiritisme,** 2ᵉ édition, 1 vol. in-12. Téqui.
**La Sueur de Sang,** in-8°. Sueur.
**Les Photographies d'esprits,** in-8°. Sueur.
**Les Effluves humains,** in-8°. Sueur.
**Hantise,** in-8°. Sueur.
**Hallucination,** in-8°. Sueur.
**La Raison,** in-8°. Sueur.
**La Vie affective,** 1 vol. in-18. Vitte.
**La Conscience,** in-8°. Sueur.
**La Lévitation,** in-8°. Sueur.
**Spirites et médiums,** 2ᵉ édition, 1 vol. in-18. Amat.
**L'Ame et le cerveau,** 3ᵉ édition, 1 vol. in-8°. Maloine et Beauchesne
**Le secret des sourciers,** 2ᵉ édition, in-18. Amat et Maloine.
**L'Amour,** 3ᵉ édition, 2 vol. in-8°. Maloine.
**La Vie de jeune fille,** 7ᵉ édition, 1 vol. in-16. Maloine.
**Le Spiritisme devant la science,** in-8°. Sueur.
**Le Vice solitaire,** 4ᵉ édition, 1 vol. in-16. Maloine.
**Autour du mariage,** 4ᵉ édition, 1 vol. in-16. Maloine.
**Le Vice conjugal,** 2ᵉ édition, 1 vol. in-16. Maloine.
**L'Honneur médical,** 2ᵉ édition, 1 vol. in-18. Maloine.
**Laïques ou religieuses à l'hôpital,** in-18. Amat et Maloine.
**Avons-nous une âme ?** in-18. Amat et Maloine.
**Le Remède contre la mort,** in-18. Amat et Maloine.
**Les phénomènes psychiques,** in-8°. Sueur.

Docteur Georges SURBLED

# PHYSIOLOGIE

## DE

# L'ESPRIT

PARIS

A. MALOINE, ÉDITEUR | CH. AMAT, ÉDITEUR
25-27, RUE DE L'ÉCOLE-DE-MÉDECINE | 11, RUE DE MÉZIÈRES

# PRÉFACE

*Appuyé sur de longues études du problème céré-
bral, nous osons tenter d'écrire une* Physiologie *de*
l'esprit.

*Plusieurs nous ont précédé dans cette voie difficile
et ont plus ou moins échoué. N'avaient-ils pas l'étrange
prétention d'éliminer l'esprit d'une* Physiologie *qui
lui était consacrée, d'expliquer tous les actes psychiques par le jeu des neurones corticaux ou le mécanisme
cérébral ?*

*Notre ambition est plus modeste et plus sûre. Nous
voulons écrire une* Physiologie de l'esprit *où la psychologie ne soit pas moins interrogée et écoutée que
la neurologie, et nous espérons convaincre nos lecteurs
qu'il n'y a pas de cérébrologie sérieuse qui ne fasse sa
part à l'âme dans le fonctionnement psycho-sensible.*

*Notre livre est un simple essai qui expose l'état
de la science et réfute de graves erreurs. Ici comme
toujours nous défendons l'arche sainte, ce spiritua-*

*lisme toujours combattu et toujours renaissant qui est l'âme de la philosophie et de la science, la sauvegarde de la société, et nous y mettons depuis trente ans tout notre cœur, toutes nos facultés. Pascal l'a dit à son honneur et pour notre justification : « Il faut aller à la vérité avec toute son âme. »*

# PHYSIOLOGIE DE L'ESPRIT

## CHAPITRE PREMIER

### L'esprit et le corps

L'homme est une personne dont l'unité est incontestable ; ce qui ne l'empêche pas d'être *composé*. Il est à la fois esprit et matière, il a une âme et un corps intimement unis et associés. Cette dualité de nature se traduit dans tous nos actes, elle est évidente. Et pourtant, en la proclamant, nous nous sentons douloureusement impuissants à en rendre raison. Nous sommes certains de l'existence de notre âme et de celle de notre corps et nous en sommes réduits à constater l'une et l'autre sans pouvoir approfondir le problème mystérieux de leur nature.

« L'homme, a dit admirablement Pascal, l'homme est à lui-même le plus prodigieux objet de la nature, car il ne peut concevoir ce que c'est que corps et encore moins ce que c'est qu'esprit, et moins qu'aucune chose comment un corps peut être uni avec un esprit ; c'est là le comble de ses difficultés, et cependant c'est son propre être ».

Les difficultés de la connaissance sont grandes, incontestables. Mais elles ne sont pas égales partout. Il est certain, contrairement à un sentiment commun, que nous nous connaissons mieux que personne et que la première évidence est celle de notre existence, c'est-à-dire de notre pensée, de notre conscience. « Je pense, donc je suis », a dit l'immortel Descartes. La *vie intérieure* fait l'objet de notre première expérience. Et l'observation externe n'a jamais la pleine certitude que nous donne l'introspection : elle a d'ailleurs toujours besoin d'être surveillée, dirigée et rectifiée par la raison. La science qui résulte d'une observation attentive des faits, d'expériences accumulées et contrôlées, la science n'est donc pas antécédente ni supérieure à la conscience, comme on l'a prétendu : elle en dépend comme de sa source. L'esprit que nous recelons en nous-mêmes fait la science comme il gouverne notre vie ; il est invisible et se retrouve partout actif et souverain. *Mens agitat molem.*

Comment connaissons-nous l'esprit ? Par la conscience, par l'introspection et la réflexion, en un mot par l'observation attentive et raisonnée de nous-mêmes.

Comment connaissons-nous le corps ? Par les sens externes, par l'observation externe, sous la haute direction de l'esprit.

C'est donc, en dernière analyse, toujours l'esprit qui préside à la connaissance, qu'elle s'applique à la vie corporelle ou intérieure. L'esprit s'observe lui-même et observe la nature, toujours armé de ses facultés supérieures, l'attention et la raison. Deux sciences lui sont ouvertes à cet effet : la *psychologie* pour l'étude intérieure, la *physiologie* pour l'observation des faits vitaux.

Mais l'esprit contracte des rapports étroits avec la sensibilité et par suite avec le système nerveux central. Et une science spéciale s'occupe d'étudier ces rapports et de déterminer les lois de la vie psychosensible : c'est la *cérébrologie*. La science est encore bien jeune, à peine ébauchée, mais son avenir est vaste. Le savant qui s'y consacre doit être à la fois physiologiste et psychologue, il doit tenir compte de l'observation clinique et de l'introspection, établir les conditions de la vie sensible sans méconnaître les données de la conscience, accorder également à l'âme et au corps leur part dans la vie psychique. Sans doute les notions acquises sont encore bien rudimentaires, sans doute les rapports de l'esprit et du cerveau sont encore bien loin d'être établis; mais il est toujours indiqué et possible de *tenir fortement les deux bouts de la chaîne,* comme parle si bien Bossuet, et de préparer par un labeur obscur et patient les bases solides d'une cérébrologie raisonnable.

D'autres ont jugé plus simple et plus facile de supprimer l'un des facteurs du problème, et le plus important, l'*âme,* de ne tenir aucun compte des données de la psychologie et de demander à la seule physiologie une solution disproportionnée et impossible. Ce sont les matérialistes qui occupent à cette heure les chaires de l'enseignement officiel et n'en sont pas plus autorisés à méconnaître les droits de la raison et de la science. Ils mettent leur gloire à nier l'esprit, à nous ravaler au niveau des bêtes, mais ils se distinguent par l'impuissance où ils sont d'expliquer les merveilles de la vie psychique, par l'extravagance de leurs théories, par la stérilité de leurs efforts. C'est leur punition et notre revanche.

# CHAPITRE II

## Animisme et vitalisme

L'homme est double dans l'unité profonde et incontestable de sa personne : il est âme et corps, esprit et matière. Et sa nature complexe a besoin d'être bien comprise pour rester fidèle à l'enseignement de la science comme à celui de la raison. Que de confusions, que d'erreurs se sont accumulées sur ce point à la faveur de doctrines préconçues et fausses ! Il faut se garder des unes et des autres pour arriver à l'exacte connaissance de ce que nous sommes.

Quel est le principe de l'organisme vivant ? Est-il d'ordre physique ou au contraire d'ordre transcendant ? Les forces physico-chimiques suffisent-elles à expliquer les merveilles de l'organisation, l'évolution progressive, le développement, la conservation et la reproduction de ce tout complexe qu'on nomme l'être vivant ? Ou faut-il nécessairement faire appel à un principe supérieur ? Ces graves questions ont de tout temps préoccupé la philosophie et la science, elles ont aussi reçu des réponses divergentes.

Trois écoles se sont partagé l'opinion : la première, l'*organicisme* a toujours professé que la vie a sa raison d'être dans le simple jeu des organes sous l'action des forces matérielles ; la seconde, le *vitalisme*, a admis non seulement l'âme spirituelle, mais en dehors de l'âme l'existence dans l'organisme d'un *principe vital* qui se subordonne ces forces et les fait concourir aux fonctions organiques ; la troisième, l'*animisme* a nettement enseigné que l'âme seule est principe de vie, qu'elle est la *forme substantielle* du corps, anime tout l'être et préside de haut à l'évolution des éléments organiques, au jeu des fonctions, à toute l'activité de l'être. D'autres écoles, plus ou moins nettes, mixtes ou éclectiques, se sont déclarées sur ce sujet, mais toutes peuvent se ramener sous les trois chefs que nous venons d'énumérer. Plusieurs attribuent à l'*organicisme* le nom de *mécanicisme* et c'est une erreur regrettable. Bien que le fond de ces deux systèmes soit le même, la plupart des praticiens n'osent assimiler l'organisation vivante aux rouages d'une montre et se bornent à professer que toute la vie tient dans les organes. Il n'y a que des idéalistes, des rêveurs pour écrire, comme Buchner (1), que « la vie est un résultat ou un mouvement de parties groupées d'une façon déterminée ». Les médecins sont mieux renseignés et plus avisés : ils n'en arrivent pas facilement à confondre les réalités vivantes avec les forces purement mécaniques ; mais, hélas ! leur mauvaise éducation philosophique, leurs préjugés, leurs haines les amènent à professer avec les sectaires l'odieux *matérialisme*.

1. *Force et matière*, p. 458.

Voilà la doctrine qui comprend et explique l'*organicisme* et le *mécanicisme* tout ensemble. Il règne en maître dans nos Facultés, il imprègne professeurs et élèves, mais il n'en est pas moins sans valeur, sans fondement, sans logique. Il supprime *Dieu* et l'*âme*, ces deux réalités qui s'imposent et veut les remplacer par une *matière* qu'il dit éternelle et qu'il ne connaît pas. Comment arriverait-il à expliquer la nature et la vie, avec toutes leurs merveilles ? Si simple qu'il soit, tout mécanisme suppose et nécessite un *mécanicien*. Tout effet appelle une cause. On admet le mécanisme, et on prétend qu'il est éternel, qu'il *s'est fait tout seul*. N'est-ce pas insensé ?

Il n'y a pas lieu de poursuivre plus loin la condamnation de l'*organicisme*. Cette doctrine étudie parfaitement les *conditions* matérielles de la vie, elle en élude et supprime la *cause :* elle admire le mécanisme *et elle nie le mécanicien.* C'est poser les prémisses et refuser toute conclusion, c'est se dérober à la discussion et renier la raison même.

Arrivons au *vitalisme* qui, du moins, reconnaît davantage les lois de la logique et les caractères propres de la vie. Mais combien cette doctrine est vague, ondoyante et diverse et qu'il est difficile d'en saisir les faces ! Les premiers vitalistes faisaient de la vie une entité complètement séparée et opposée aux forces de la matière, en irréductible conflit avec elles. Qui voudrait aujourd'hui épouser leurs idées et se porter garant d'une telle hérésie scientifique ? Il n'y a plus là matière que pour l'historien curieux d'exposer les erreurs du passé (1).

Au commencement du XIX° siècle, l'illustre Bichat s'est distingué dans la défense du *vitalisme :* tout en démontrant la grande importance des organes et des tissus, il les veut soumis à des lois spéciales qu'il juge opposées aux lois physico-chimiques, et il se range au fond parmi les disciples de Stahl, malgré son organicisme décidé, en dépit de ses idées matérialistes. Pour lui, comme l'a dit Claude Bernard, « la vie est une lutte entre des actions opposées ; il admet que les propriétés vitales conservent le corps vivant, en entravant les propriétés physiques qui tendent à le détruire ». Et sa définition de la vie est saisissante à cet égard et caractéristique : « La vie, écrit-il, est l'ensemble des fonctions qui résistent à la mort. » En d'autres termes les forces vitales sont autonomes, ont une vertu propre et supérieure. Ce qui fait la mort, c'est le triomphe des propriétés physiques sur les forces vitales.

L'École de Montpellier a toujours plus ou moins professé le *vitalisme ;* mais quelle imprécision, quelles variations dans la doctrine de ses maîtres ! Quel abîme même de nos jours entre le sentiment de Barthez et celui de Grasset ! Malgré toutes ces différences, on ne peut méconnaître l'existence du fil de la tradition, la permanence d'une idée commune : celle des caractères spéciaux de la vie qui obligent à la

_____

1. Cf. le très complet ouvrage de Fr. Bouillier, *Le Principe vital et l'Âme pensante.*

rattacher à une cause propre. Mais quelle est exactement cette cause ? Est-ce l'âme, et quelle âme ? Est-ce le principe vital ? Est-ce l'activité cellulaire ? Les maîtres ne s'entendent pas, se divisent. Les uns penchent pour l'âme, mais ne sont pas catégoriques, ne se prononcent pas nettement ; les autres tiennent pour le principe vital sans s'accorder encore sur sa nature et son rôle. La plupart professent un *duodynamisme* imprécis et commode qui leur permet de respecter la tradition sans rompre avec la science moderne, sans rejeter l'*organicisme* de l'École de Paris : ils reconnaissent que l'exercice des fonctions vitales met en jeu les forces physico-chimiques et *rien qu'elles*, et, en même temps, ils admettent que ces forces ne suffisent pas à expliquer l'organisation et l'évolution des êtres vivants. Quelques-uns sont disposés à se rallier plus ou moins à l'*organicisme* ; mais la plupart demeurent *animistes* sans le dire ou sans le vouloir, ce sont des *spiritualistes* honteux. Il n'y a pas à compter sur eux pour défendre la vraie doctrine.

L'*animisme* seul répond à la réalité des faits, s'accorde avec la philosophie, se base sur une longue et forte tradition, a les promesses de l'avenir. Il enseigne que l'ensemble des phénomènes vitaux est dû à l'action des forces physico-chimiques *sous la direction d'un principe supérieur*. Qu'on appelle ce principe *âme* avec tous les anciens, ou qu'on le qualifie d'*idée directrice* avec Claude Bernard, ou même d'*état d'or-*

*ganisation* avec Charles Robin, peu importe (1). L'essentiel est de reconnaître le principe qui préside aux phénomènes, la cause qui gouverne les conditions de la vie.

L'agencement merveilleux de l'organisme en fonction ne s'explique pas tout seul : il réclame une cause proportionnée, adéquate. L'harmonie vivante ne se crée pas d'elle-même, elle se rattache à un principe que nous appelons l'*âme*. Mais cette âme n'est pas extérieure, étrangère ni juxtaposée, elle est intime, elle informe le corps, elle s'y incarne véritablement, elle vit *dans et par les cellules*. L'unité vivante n'est pas un vain mot : elle résulte de l'union substantielle de l'âme et du corps. Sur ce point, tous les vrais penseurs se rencontrent et s'accordent, d'où qu'ils viennent.

Claude Bernard n'a jamais professé le *vitalisme* et a toujours soutenu que la vie ne réclame aucun autre concours que celui des forces matérielles. Mais lisez avez attention son œuvre magistrale, l'*Introduction à l'étude de la médecine expérimentale* (2) et vous constaterez qu'en vingt endroits il subordonne ce concours nécessaire à une *idée* encore plus nécessaire, à l'*idée directrice* qui réalise un plan merveil-

1. L'*idée directrice* est ici une expression équivalente à *forme substantielle*. De même *état d'organisation* signifie dans la pensée de Robin *principe d'organisation*. Les expressions sont plus ou moins vicieuses, n'étant pas inspirées par l'esprit philosophique. Le tout est de s'entendre, car la pensée est notre dominante, et les mots la trahissent souvent.

2. Cf. surtout l'édition du P. Sertillanges, avec ses notes lumineuses.

leux dans et par les tissus et les cellules. C'est admettre sous un nom nouveau, l'existence de l'âme vivante, c'est professer l'*animisme*.

Le savant maître de Louvain, Mgr Mercier, n'a pas d'autres exigences que le grand physiologiste : il admet comme lui une tendance à l'évolution, un principe à la base de l'organisation. « Les êtres organisés, écrit-il, ne sont pas de simples groupements d'actions et de forces, mais il y a en eux une *tendance* naturelle foncière à réaliser et à conserver les conditions d'organisation qui fournissent l'explication immédiate ou scientifique du fonctionnement de la vie organique ; ou, pour tout résumer en une formule, l'être vivant n'est pas un agglomérat d'accidents, c'est une *substance une*, une *nature une*, d'où émanent les forces que nous voyons en jeu dans le mouvement vital de l'organisme (1). »

C'est l'opinion qu'exprimait déjà le prince des philosophes, Aristote, quand il disait : « Qu'est-ce qui retient unis ces éléments divers, la terre et le feu qui, laissés à eux-mêmes, prendraient des directions contraires? Ils se disloqueront, en effet, ils se disperseront, s'il n'y a pas quelque chose pour les retenir ensemble. Et s'il y a quelque chose de ce genre, *c'est tout juste l'âme*, c'est-à-dire la source de l'accroissement et de la nutrition du vivant (2). »

C'est l'opinion qu'à la suite des philosophes tous les observateurs sérieux s'accorderont à soutenir,

1. *Psychologie*, p. 45-46.
2. *De l'âme*, II, 4.

c'est celle qui constitue la base de l'*animisme raisonnable*. L'unité vivante est la réalité saisissante qui s'impose dès qu'on considère l'organisme en action : elle est inexplicable, incompréhensible en dehors de l'âme. Notre savant maître, le professeur Chauffard, aimait à revenir sur cet argument vainqueur, contre lequel échouent et échoueront toujours les efforts du matérialisme. Une seule objection a été et est encore soulevée, celle du *cristal* qui accuse une *apparente* unité dans le groupement de ses molécules, mais elle est bien vaine, et tout récemment un illustre minéralogiste, Albert de Lapparent, en faisait justice.

L'unité vivante demeure le frappant témoignage de l'âme ; et elle se montre d'autant plus évidente que les progrès de la physiologie et de la médecine mettent davantage en valeur les prodigieuses ressources de la vie. L'*animisme* s'appuie de plus en plus sur la science, et ce ne sont pas les rodomontades du matérialisme aux abois qui nous feront jamais douter de sa vérité, de sa puissance, de son triomphe.

# CHAPITRE III

## L'opinion matérialiste

En face de la doctrine spiritualiste qui professe et défend l'animisme, se dresse l'opinion matérialiste qui ne voit pas de différence importante entre la bête et l'homme et qui regarde le cerveau comme l'organe de la pensée. Cette opinion est toute-puissante à l'heure présente et il y a, semble-t-il, témérité à la combattre. N'occupe-t-elle pas toutes les avenues du pouvoir, toutes les chaires de l'enseignement officiel ? Mais cette faveur presque incontestée ne saurait impressionner ni arrêter le penseur qui juge et qui raisonne ; elle n'aura qu'un temps d'ailleurs, car tôt ou tard la vérité se fait jour grâce aux progrès de la science.

Or ses progrès ont été remarquables depuis quelques années et permettent de bien augurer de l'avenir. La cérébrologie commence à se constituer à la faveur de la découverte de nouveaux centres corticaux, et le jour est proche où les faits parleront tout seuls, où il faudra renoncer à de vaines hypothèses comme au parti pris sectaire.

En attendant, l'opinion matérialiste règne en maîtresse. Elle est simple, facile, bien portée, et la généralité des savants s'y abandonne. Nous ne pouvons mieux faire pour en donner une juste idée que de citer cette page du professeur Herzen de Lausanne :

« Qu'est-ce que la substance pensante ? A cela, la physiologie n'hésite pas à répondre : le cerveau. De même que la pesanteur est liée au corps pesant, la chaleur au corps chaud, la lumière au corps lumineux, et l'électricité à la pile, de même l'esprit est lié au cerveau ; et, de même que ces forces ou manifestations dynamiques n'existent pas séparément de leur substratum matériel, de même dans l'organisme animal, l'esprit, la plus complexe des énergies, n'existe pas indépendamment du plus complexe des organes, le cerveau. En suivant les diverses phases du perfectionnement successif du système nerveux, des animaux inférieurs aux animaux supérieurs, la physiologie constate un perfectionnement corrélatif des fonctions psychiques, et, dans cette évolution continue, elle ne découvre nulle part un point de démarcation, au delà duquel, par un changement soudain des rapports intimes entre l'organe et la fonction, celle-ci devienne tout à coup une entité indépendante de celui-là. Tandis que, à leur point de départ, les manifestations psychiques ne dépassent guère le niveau d'une activité rudimentaire, que personne n'hésite à considérer comme une fonction de la matière, peu à peu, à travers une série de degrés insensibles, et tout en se développant de pas égal avec leur organe, elles s'élèvent à cette forme d'activité que l'on appelle « purement psychique », sans que, pour cela, il s'établisse entre l'organe et la fonction ce fatal divorce auquel on arrive inévitablement avec la méthode introspective. Bien au contraire, du parallélisme même existant entre la complexité croissante de l'organe et la complexité croissante de la fonction, émerge clairement l'*indissolubilité* de leur mariage, leur *unité* en un mot (1). »

Voilà toute la doctrine des matérialistes. Partant de cette pétition de principe, que *le cerveau est l'organe de la pensée*, ils n'admettent pas que l'esprit soit d'ordre supérieur et transcendant et ils prétendent le faire dériver du seul organe nerveux. La prétention est excessive de gens qui ne se réclament que de la matière et de l'expérience. Ils n'ont jamais pu établir leurs assertions sur les faits et ils en sont réduits à cultiver le sophisme.

Leur force est là, et dans les invraisemblables idées qu'ils prêtent à leurs adversaires. N'accusent-ils pas les spiritualistes d'admettre une âme séparée et distincte de l'organisme, de croire que l'intelligence est indépendante de la sensibilité et du cerveau ? Il est vraiment trop commode de se débarrasser de ses contradicteurs en leur attribuant de grossières erreurs et d'énormes absurdités.

Basé sur l'expérience, nous affirmons que le cerveau est un organe de sensibilité et de mouvement et nous défions les matérialistes de prouver qu'il sé-

1. *Le cerveau et l'activité cérébrale*, p. 29-31.

crète la pensée comme le foie sécrète la bile. Mais nous ne faisons pas difficulté de reconnaître qu'il y a entre l'un et l'autre des rapports certains, étroits, nécessaires. On ne pense pas sans le concours du cerveau.

De quelle nature est ce concours? Toute la question est là. Pour nous, l'esprit est une substance irréductible à la matière et à la sensation même. Nous en avons l'expérience intime et constante, et nous sommes certains de son existence, bien que nous ne l'ayons jamais vu. C'est le principe de notre activité consciente, l'agent supérieur de notre vie extérieure, la source de la science. Nous n'avons pas besoin de le définir, à cause de son évidence. *Cogito, ergo sum,* a dit magistralement Descartes.

Le matérialiste Herzen cherche en vain à ergoter sur ce point et plaisante lourdement : « Les définitions de l'esprit, données par les philosophes, n'ont rien éclairci ; selon Descartes, l'esprit est la *substantia cogitans,* et toutes les autres définitions philosophiques gravitent dans un cercle vicieux, autour de celle de Descartes, dont elles ne sont que des variantes, des travestissements : toutes, de cent manières, affirment, en définitive, que *l'esprit est la substance qui sent, qui pense, qui raisonne, qui veut ;* c'est-à-dire que *l'esprit est l'esprit.* »

On ne saurait mieux dire. L'esprit est attesté par la conscience, et c'est assez pour nous donner l'évidence. M. Herzen et avec lui tous les matérialistes ne se rendent pas à ce témoignage irrécusable. Ils ont une philosophie spéciale qui leur permet de tourner le dos au sens commun, et leur logique est supérieure. Ils concluent que l'esprit n'est pas l'esprit, *mais le corps*. Voilà leur transcendance. Nous ne la leur envions pas.

# CHAPITRE IV

## Le sentiment de Claude Bernard

Claude Bernard est une de nos gloires. Il a été non seulement un physiologiste remarquable, un expérimentateur heureux, mais encore et surtout un incomparable maître de la science. Il a laissé un livre admirable, l'*Introduction à l'étude de la médecine expérimentale*, qui marque à jamais les lois de l'investigation scientifique et que tous ont intérêt à consulter et à suivre. Aucun problème de la vie, si élevé qu'il soit, n'a échappé à son œil d'aigle, et il nous plaît de constater que la cérébrologie même a attiré l'attention du savant fondateur de la médecine expérimentale. Toutefois elle ne l'a pas retenue longtemps. Pourquoi ? Le maître craignait-il le vertige, ou l'opinion, ou les savants de l'École ? On ne sait.

Claude Bernard fut toujours prudent, circonspect, quelques-uns ont même dit timide. Ce n'est pas lui qui aurait jamais eu l'idée de méconnaître la complexité du problème cérébral pour mieux servir la thèse matérialiste, de sacrifier délibérément l'introspection à l'observation externe, de ne voir que les faits nerveux si obscurs encore en négligeant les faits psychi-

ques si positifs et si sûrs. L'illustre maître savait qu'on
ne solutionne un problème qu'en tenant compte de
*toutes* ses données, qu'en usant de *toutes* les sources
d'information. Et nous sommes certain d'avoir été
fidèle à sa méthode quand nous avons rappelé naguère ces règles essentielles : « Deux sources distinctes, *mais également nécessaires :* l'introspection ou
observation interne et l'observation externe, cette dernière subdivisée elle-même en expérimentale et en
clinique. Toutes les fois qu'elle méconnaît ou néglige
une de ces sources, la cérébrologie s'égare nécessairement (1). »

L'étude attentive des phénomènes a toujours séduit
Claude Bernard, et il en fait la base de la science.
Mais il ne conçoit pas l'analyse sans la synthèse, il
n'admet pas qu'on fasse plus litière des lois de l'organisme que des lois de la raison, il ne veut pas qu'en
observant scrupuleusement les faits on oublie le principe qui les relie, les coordonne et les gouverne. Écou-
tons-le :

« Proscrire l'analyse des organismes au moyen de
l'expérience, c'est arrêter la science et nier la méthode
expérimentale ; mais, d'un autre côté pratiquer l'analyse physiologique en perdant de vue l'unité harmonique de l'organisme, c'est méconnaître la science
vitale et lui enlever tout son caractère. Il faudra donc
toujours, après avoir pratiqué l'analyse des phénomènes, refaire la synthèse physiologique, afin de voir

---

1. *Dictionnaire d'apologétique* d'Alès, art. *Cérébrologie*, p. 488.

l'action réunie de toutes les parties que l'on avait isolées... Il est admis, en général, que la synthèse reconstitue ce que l'analyse avait séparé, et qu'à ce titre, la synthèse vérifie l'analyse dont elle n'est que la *contre-épreuve* ou le complément nécessaire. Cette définition est absolument vraie pour les analyses et les synthèses de la matière. En chimie, la synthèse donne poids pour poids le même corps composé de matières identiques, unies dans les mêmes proportions ; mais quand il s'agit de faire l'analyse et la synthèse des propriétés des corps, c'est-à-dire la synthèse des phénomènes, cela devient beaucoup plus difficile. En effet, les propriétés des corps ne résultent pas seulement de la nature et des proportions de la matière, mais encore de l'arrangement de cette même matière. En outre, il arrive, comme on sait, que les propriétés qui apparaissent ou disparaissent dans la synthèse et dans l'analyse, ne peuvent pas être considérées comme une simple addition ou une pure soustraction des propriétés des corps composants. C'est ainsi, par exemple, que les propriétés de l'oxygène et de l'hydrogène ne nous rendent pas compte des propriétés de l'eau qui résulte cependant de leur combinaison.

« Je ne veux pas examiner ces questions ardues, mais cependant fondamentales, des propriétés relatives des corps composés ou composants... Je rappellerai seulement ici que les phénomènes ne sont que l'expression des relations des corps, d'où il résulte qu'en dissociant les parties d'un tout, on doit faire cesser des phénomènes par cela seul qu'on détruit des relations. Il en résulte encore qu'en physiologie, l'analyse qui nous apprend les propriétés des parties organisées élémentaires isolées ne nous donnerait cependant jamais qu'une synthèse idéale très incomplète, de même que la connaissance de l'homme isolé ne nous apporterait pas la connaissance de toutes les institutions qui résultent de son association et qui ne peuvent se manifester que par la vie sociale. En un mot, quand on réunit des éléments physiologiques, on voit apparaître des propriétés qui n'étaient pas appréciables dans ces éléments séparés. Il faut donc toujours procéder expérimentalement dans la synthèse vitale, parce que des phénomènes tout à fait spéciaux peuvent être le résultat de l'union ou de l'association de plus en plus complexe des éléments organisés. Tout cela prouve que ces éléments, quoique distincts et autonomes, ne jouent pas pour cela le rôle de simples associés, et que leur union exprime plus que l'addition de leurs propriétés séparées. Je suis persuadé que les obstacles qui entourent l'étude expérimentale des phénomènes psychologiques sont en grande partie dus à des difficultés de cet ordre ; car, malgré leur nature merveilleuse et la délicatesse de leurs manifestations, il est impossible, selon moi, de ne pas faire rentrer les phénomènes cérébraux, comme tous les autres phénomènes des corps vivants, dans les lois d'un déterminisme scientifique (1). »

1. *Op. cit.* (éd. Sertillanges), p. 142-144.

Comme on le voit, le maître est sage ; il se garde de confondre les phénomènes *cérébraux* avec les phénomènes *psychologiques* ; il se borne à constater leur relation étroite et constante. Tout observateur sérieux sait bien que la conscience est une source d'informations autrement exactes que la vue ou tel autre sens par lequel s'exerce l'observation du dehors. Nos pensées, nos volitions ne se réduisent à de vulgaires mouvements moléculaires, à de simples actes de sensibilité que pour les monistes sectaires en rupture déclarée avec la raison et les faits. Il y a un abîme entre l'intelligence qui nous distingue et la sensibilité qui nous rapproche de la bête ; et tout penseur se plaît à le reconnaître (1). Mais il faut admettre aussi nettement et sans restriction que le cerveau, organe sensible, n'est pas étranger à la vie intellectuelle, qu'il est la condition inéluctable de nos facultés psychiques ; il faut proclamer que la pensée et la volonté trouvent leur préparation, les conditions sensibles de leur fonctionnement dans le cerveau animé. Et à cet égard, Claude Bernard a parfaitement raison de déclarer que les phénomènes cérébraux n'échappent pas plus que les autres à la loi du déterminisme.

Cette loi est si rigoureuse qu'elle permettrait de diriger à notre gré les manifestations de la vie, *si nous en tenions exactement toutes les conditions d'existence*. « Ces conditions étant connues, écrit Claude Bernard, le physiologiste pourra diriger la manifes-

1. Cf. D$^r$ S. *L'Ame et le Cerveau*.

tation des phénomènes de la vie comme le physicien et le chimiste dirigent les phénomènes naturels dont ils ont découvert les lois ; mais pour cela l'expérimentateur n'agira pas sur la vie (1). »

Il n'agira pas davantage sur l'âme pensante, du moins directement, et pourtant il pourra influencer étrangement le vouloir et la pensée. Tout s'explique admirablement à la lumière de la philosophie traditionnelle ; et notre savant ami, le P. Sertillanges, l'a marqué en termes excellents dans les notes qu'il a ajoutées à l'œuvre de Claude Bernard. « La pensée et le vouloir, dit-il, sont en eux-mêmes immatériels, c'est vrai ; mais ils ont toutefois leurs conditions organiques auxquelles ils sont liés dans une certaine mesure. Pas la moindre de nos pensées ne peut éclore sans une modification cérébrale correspondante, et de même pas un vouloir. Dès lors, on conçoit sans peine que celui qui connaîtrait le mécanisme *cérébral* d'une façon parfaite pourrait, en agissant sur ce mécanisme, avoir une action indirecte sur les facultés de l'âme elle-même (2). »

L'expérience serait séduisante ; mais rassurons-nous, elle n'est pas près de se faire, car nous sommes loin de connaître le fonctionnement cérébral. Nous commençons seulement à déchiffrer la physiologie corticale, à localiser les facultés sensibles, la mémoire particulièrement, et par là même nous éliminons du cerveau les facultés *intellectuelles* qu'on

1. *Op. cit.*, p. 95.
2. *Op. cit.*, p. 42.

y avait placées *d'office* (1). Il faut se rendre à l'évidence des faits, le cerveau se révèle de plus en plus comme un organe de sensibilité et de mouvement, *et il n'est que cela.*

Nul doute que Claude Bernard, s'il eût été encore parmi nous, n'eût admis l'enseignement de l'expérience et reconnu le rôle *purement sensible* du cerveau. Mais il faut avouer qu'il était, comme beaucoup d'autres, hanté de la *phobie philosophique* et peu préparé à aborder le complexe problème de la cérébrologie. Il aimait à dire que « pour l'expérimentateur physiologique, il ne saurait y avoir ni spiritualisme ni matérialisme » (2) et il avait raison à son étroit point de vue. La physiologie en cause « a pour objet d'étudier les phénomènes des êtres vivants et de déterminer les *conditions matérielles de leur manifestation* ». La philosophie n'a trait qu'à l'essence même des êtres, elle ne s'occupe pas de leurs conditions matérielles. Mais, ne l'oublions pas, elle préside de haut à l'exercice de la raison ou plutôt elle est cette raison même, elle est indispensable à la moindre recherche scientifique. Nous n'en avons pas de meilleur garant que Claude Bernard lui-même, et son immortel ouvrage témoigne que la raison est la loi suprême de la science.

La question s'élève et se complique en cérébrologie. Ici il faut de toute nécessité sortir du terrain purement physiologique et aborder nettement la psy-

1. D$^r$ S. *L'Ame et le Cerveau.*
2. *Op. cit.*, p. 104.

chologie. Toutes les manifestations psychiques que nous constatons ressortissent au domaine de l'intelligence, ne sauraient en être distraites. Et il faut nécessairement prendre parti : ou se ranger dans le camp matérialiste qui nie l'âme et explique *a priori* la pensée et la volonté par le jeu diversifié des neurones, ou se rallier au spiritualisme qui admet l'âme et cherche à comprendre le fonctionnement de ses facultés par l'exercice de la sensibilité sous ses différentes formes. Nous ne connaissons pas de savant qui ait su ou pu garder l'équilibre ou la neutralité entre les deux grandes doctrines dont nous parlons : on est spiritualiste ou on s'efforce de trouver dans des combinaisons invraisemblables de mécanique cérébrale une raison plausible à son matérialisme. M. le professeur J. Grasset de Montpellier a bien prétendu, après Claude Bernard, que la science n'était ni matérialiste ni spiritualiste ; mais il n'a pas prouvé, ce qui est essentiel, que le savant n'était ni l'un ni l'autre. Et il s'est départi forcément de sa réserve en cérébrologie, il s'est montré nettement spiritualiste et chrétien, tout en épousant des théories controuvées, tout en faisant de regrettables concessions à la doctrine matérialiste. Preuve évidente que la raison est notre guide nécessaire dans les problèmes de la science et que la philosophie s'impose invinciblement à notre esprit, quand on aborde l'étude des rapports entre le cerveau et la pensée.

Mais la raison est bien ou mal éclairée. La psychologie dont on use est bonne ou mauvaise : elle se rattache aux maîtres de la tradition ou s'abandonne aux coryphées de la libre pensée. Claude Bernard se méfiait des uns et des autres, et on a peine à se figurer l'attitude qu'il eût prise, s'il avait eu le temps ou le courage d'attaquer le haut problème. On peut cependant supposer qu'il eût incliné vers notre solution plutôt que de se perdre dans les nuageuses théories des sectaires. Celui qui a si bien montré dans les faits biologiques l'*idée directrice* de la vie, n'aurait pas manqué de trouver le fil conducteur des faits psychiques et de saluer dans l'*âme pensante* la marque distinctive, l'incomparable privilège de la nature humaine.

# CHAPITRE  V

## La physique cérébrale

Notre ignorance du fonctionnement des centres nerveux est profonde, et si complète que les auteurs n'ont pu s'y tenir et ont cherché dans la physique les moyens faciles d'en rendre raison. Ce sont là de vrais *jeux d'enfants*, d'invraisemblables hypothèses que n'appuie pas la science sérieuse, mais qui donnent à notre pressant besoin d'explication une si pleine et si commode satisfaction qu'on comprend trop bien et leur genèse et leur succès. La vérité oblige à plus de sévérité pour des inductions que propose l'imagination et qui ne sortent pas des faits. Nous avons toujours combattu ces essais de *physique amusante*, et nous ne reviendrons pas sur l'inanité de tels efforts (1). Mais le public s'y attache avec une telle ardeur, avec une telle persévérance qu'il n'est pas inutile de les connaître, de les combattre et de les refuter. Nous nous appliquerons donc à présenter ici les fantastiques théories que le matérialisme a récemment suscitées ; et, pour commencer,

1. Cf. D$^r$ S. *Neurones cérébraux et psychisme transcendant,* 1897. Sueur.

nous exposerons les idées originales du D<sup>r</sup> Sicard de Plauzoles.

Notre jeune confrère, c'est une justice à lui rendre, n'est pas inféodé aux vieux errements, aux doctrines désuètes de l'enseignement traditionnel : c'est un savant de progrès et d'avenir, car il voit loin. Les merveilles de la nature vivante et sensible ne le touchent ni ne le déconcertent. Il en rend facilement raison avec les fameux principes de la science. Ce n'est pas lui qui s'arrêtera jamais, étonné et confus, devant le mystérieux fonctionnement du cerveau, devant les éminentes manifestations de l'esprit ? Est-ce qu'il ne tient pas depuis longtemps la clef du problème cérébral ? Est-ce qu'il ne sait pas que la pensée n'a rien à voir avec l'âme, avec notre prétendu *esprit,* est-ce qu'il n'est pas assuré qu'elle n'est exactement qu'un *mouvement physique ?*

« D'après les données de la physiologie moderne, écrit gravement notre confrère, la pensée *serait* un phénomène de même ordre que la chaleur animale, la lumière ou l'électricité. » Admirons ce *conditionnel* qui donne toute la force d'une conviction. Notre auteur met au même rang la pensée, la vie et les forces physico-chimiques ; mais que sait-il de la chaleur, de la lumière ou de l'électricité ? Il connaît plus ou moins leurs propriétés, leurs modes d'utilisation, mais ignore comme nous la nature intime de ces forces aussi mystérieuses que puissantes. Il est donc mal venu à expliquer par elles la force vitale et la force psychique.

Tout se réduit au mouvement, dit-on, et les différents mouvements résultent de l'application de forces. Rien n'est plus vrai ; mais d'où nous vient cette
notion capitale de *force*, sinon de nous-même, de
notre for intérieur, de la conscience soumise à la
plus exacte introspection ? C'est la pensée réfléchie,
consciente qui nous donne *l'idée de force* que nous
transposons ensuite, par déduction logique, dans le
monde de la matière. Comment cette matière, vue et
connue par le dehors, nous donnerait-elle la mesure
de l'esprit, la raison de notre âme spirituelle ? L'âme
se connaît par la pensée. *Cogito ergo sum.*

Des matérialistes n'arriveront jamais à intervertir
l'ordre des facteurs dans l'échelle des êtres et dans
la hiérarchie des facultés, à subordonner l'esprit à
la matière, à mesurer l'un par l'autre. Que la matière
soit une *condition* de l'esprit, nous l'affirmons aussi
nettement qu'eux ; mais qu'il en soit la *cause*, nous
le nions formellement. Et c'est pitié de voir le Dʳ Sicard de Plauzoles s'efforcer d'assimiler et de confondre des forces aussi dissemblables, aussi opposées
que la force psychique d'une part et la force physique de l'autre. Il a contre lui les philosophes de
tous les temps et il invoque, pour s'abriter, l'autorité
d'un savant suisse qui est déjà bien oublié, après avoir
été le bruyant coryphée de la libre pensée.

« Tout acte psychique, dit Herzen, demande pour
son accomplissement un certain laps de temps, a lieu
dans un milieu résistant, étendu : *c'est un mouvement.* »

Ah ! le bon billet ! Et que nos savants sont de composition facile pour s'en contenter ! *La pensée est un mouvement.* Qu'est-ce à dire ? C'est une force de même ordre que la chaleur, l'électricité, etc. En sommes-nous plus avancés ? Qu'est-ce que la chaleur ? Qu'est-ce que l'électricité ? Quelle est la nature du mouvement calorique ? Comment se comporte l'action électrique ? Nul ne saurait le dire dans l'état présent de la science. C'est donc une insigne maladresse, une grossière témérité, un vain enfantillage que de proposer aujourd'hui une explication *mécanique* de la pensée.

M. Sicard de Plauzoles ne l'a pas compris, et il s'est lancé vaillamment dans une nuageuse théorie. « La pensée, écrit-il, *devient* un mode du principe dynamique, une force soumise aux lois qui régissent les agents cosmiques, et rien ne nous empêche d'admettre sa transmission à distance comme celle de la lumière ou de l'électricité. Comme cette dernière, la pensée ne pourrait-elle se développer par influence ou par induction, et bien des phénomènes psychiques ne seraient-ils pas l'analogue de ceux que l'on observe lorsqu'on fait agir un courant électrique, soit sur un autre courant, soit sur un aimant, soit sur un barreau d'acier ou de fer doux, ou inversement ? Il n'y aurait qu'à remplacer le mot influence ou induction par celui de *suggestion.* Enfin le phénomène de télépathie et de transmission de la pensée à distance ne présente-t-il pas une analogie étrange avec le phénomène de télécommunication des ondes hertziennes dans la télégraphie sans fil? L'onde psychique ne se pourrait-elle transmettre comme l'onde électrique? Telle serait l'explication du phénomène connu sous le nom de *suggestion mentale.* »

Il n'y a là qu'un vain rêve, le facile produit d'une imagination vagabonde. Nous ne tenons pas le secret de la physique; et les plus brillantes théories n'ont qu'une valeur relative et provisoire. Nous ne pouvons attacher une importance essentielle à l'hypothèse des ondes : c'est un moyen commode de nous rendre compte des phénomènes, rien de plus. Au contraire, nous avons la certitude de notre *moi*, de notre pensée consciente et réfléchie, de notre volonté libre, et toute la science, dont nous sommes si fiers, sort en dernière analyse de cette forteresse inexpugnable. Nous connaissons la nature, *mais par le moyen de notre esprit* qui a les sens à son service. Il ne faut pas, répétons-le, intervertir les rôles et attribuer à la matière une prééminence qu'elle n'a pas sur l'esprit. C'est cet esprit qui commande la matière, qui nous guide vers la vérité et qui fait la science. *Mens agitat molem.*

La suggestion est un phénomène de l'ordre mental, qui ne s'explique pas encore. Les forces physiques n'ont pas révélé leur secret; comment les forces mentales qui se superposent à elles nous seraient-elles connues dans leur essence? Nous essayons de nous rendre compte du jeu des forces physiques, nous imaginons des théories pour représenter les mouvements qui en dérivent; mais nous ne connaissons pas leur nature intime. Nous ne connaissons réellement qu'un être dans l'intimité de son fonctionnement, et cet être, c'est nous-même, c'est notre pensée en exercice. Descartes a très justement montré que tout part de la connaissance introspective et que tout s'y ramène.

Le D<sup>r</sup> Sicard de Plauzoles est trop moderne pour se rallier à la pensée cartésienne, mais il est trop bon observateur pour ne pas voir que son explication de la pensée par le mouvement ne tient pas, que sa théorie de la suggestion est aussi vide qu'une bulle de savon. Et sa conclusion est juste autant que désespérante. « Malheureusement, écrit-il, ce n'est là qu'une vue de l'esprit, une hypothèse *à prouver*, un *rêve* encore, mais qui deviendra *peut-être* une réalité. »

On n'est pas plus modeste ; mais quand on prétend régenter le monde au nom de la science, renverser les vieux principes traditionnels, on devrait présenter à la place des faits certains, une science assise et ne pas se contenter de vaines négations et d'un misérable appel au problématique *demain*. Que les matérialistes se pénètrent bien de cette vérité d'expérience : on ne supprime que ce qu'on remplace

# CHAPITRE VI

## La physique cérébrale (*suite*).

Tous les auteurs n'ont pas la simplicité du D$^r$ Sicard de Plauzoles. La plupart tentent d'approfondir le problème cérébral et d'expliquer plus ou moins le jeu des neurones dans l'action nerveuse. Avec ceux-là une discussion plus serrée s'impose sur le terrain scientifique, en s'inspirant toujours des principes de raison qui guident toute recherche. A-t-on aujourd'hui les moyens de découvrir l'intimité des phénomènes nerveux et d'y suivre l'action des forces physiques ? C'est ce qu'il importe de savoir (1).

La constitution générale du système nerveux central nous est connue, même dans ses plus fins détails, sans nous livrer le secret de son fonctionnement. Il se compose essentiellement de *neurones* ou cellules nerveuses reliées entre elles par des fibres conductrices. Les neurones sont ordinairement groupés en centres ou ganglions : c'est la partie *grise* de la substance nerveuse, la partie blanche n'étant formée que de fibres. Mais cette disposition anatomique ou plu-

---

1. Nous puisons en partie nos renseignements dans une étude documentée de *L'OEuvre médicothérapeutique*, août 1908.

tôt histologique a beau être bien établie et incontestable, elle ne nous indique nullement le rôle ou le fonctionnement des parties nerveuses.

Quelle est l'action respective des neurones et de leurs prolongements protoplasmiques, des cellules et des fibres nerveuses ? C'est ce qu'on ignore profondément. Sous la poussée d'idées préconçues et purement théoriques, les auteurs ont affirmé que les neurones avaient, à l'exclusion des fibres, des fonctions propres et supérieures. Cette prétention ne s'appuie pas sur des faits. Le premier en 1897, Bethe (1) a institué une expérience fameuse qui la démolit : plusieurs des fonctions qu'on considérait comme strictement liées à l'intégrité des ganglions centraux ne disparaissent pas après leur extirpation totale. Les contradictions de Mendelsohn en 1900 ne sont pas convaincantes. Ne semble-t-il pas croire que, lorsqu'il extirpe un ganglion nerveux, il n'enlève que des cellules, et pas de fibres ? C'est méconnaître l'extrême enchevêtrement des éléments nerveux et la complexité du problème cérébral. De son côté Schraeder van der Kolk estime que le système central peut se décharger brusquement comme un condensateur ou une bouteille de Leyde. Le pouvoir d'emmagasiner de la force nerveuse n'est pas pourtant spécial aux neurones, il appartient aussi à des fibres, et surtout aux fibres sans myéline. En fait, l'élément ner-

---

1. *Das central nervensysthem von Carcinus Mænas*, Arch. f. mikrosk. Anat., vol. 50, p. 589 et vol. 51, p. 382.

veux se compose également de protoplasme et de fibrilles : le neurone est inséparable de ses prolongements, et il est vain de prétendre séparer et différencier leur action. D'autant plus que les centres sont très variés et que leur fonctionnement présente des caractères dissemblables. Bethe croit même que certains centres, exactement définis au point de vue anatomique, ne possèdent aucune des propriétés physiologiques qu'on attribue communément aux centres. N'est-ce pas avouer nettement notre profonde ignorance en face des problèmes nerveux et reconnaître la nécessité de s'en tenir aux seules données de l'expérience, sans recourir aux belles suggestions de l'imagination et aux invraisemblables théories de la psycho-physique ?

Ces superbes théories ont la prétention de nous révéler le psychisme cérébral, elles ne nous enseignent même pas la *mécanique* du système nerveux. La plus connue est incontestablement sortie des recherches histologiques de Golgi. Ce savant italien, dont on ne saurait contester la valeur, employait dans ses préparations une méthode d'imprégnation telle que les éléments nerveux apparaissaient non plus liés entre eux par des connexions intimes, mais seulement rapprochés et en contact. A cette vue, l'imagination des auteurs est entrée en danse, et voici le beau roman qu'elle a échafaudé. Ils ont cherché et trouvé dans l'histoire naturelle des analogies frappantes, une ressemblance parfaite, ils ont fait un rapprochement entre les cellules de Golgi, les fameux *neurones*, et les amibes à pseudopodes fortement ramifiés, ils ont conclu (un peu vite) que les cellules nerveuses étaient des radiolaires d'un genre spécial, qu'elles étaient capables, bien mieux qu'elles étaient douées de mou·vements amiboïdes. Répétons-le, c'était un roman, le *roman des neurones*, et les savants les plus réputés l'ont tenu pour vérité scientifique. Nous nous félicitons de l'avoir toujours estimé à son juste prix, et d'avoir protesté dans la presse contre l'engouement injustifié et injustifiable dont il a été l'objet.

Plus ardent que les autres, le professeur Mathias Duval s'est constitué le patron de la théorie nouvelle. Il en a vu la confirmation éclatante dans ce fait que les bâtonnets de la rétine subissent chez certains animaux une notable rétraction sous l'action de la lumière, sans même réfléchir qu'il n'y a pas d'analogie dans les deux phénomènes. Mais les observateurs ne restaient pas inactifs, ils multipliaient leurs constatations et leurs hypothèses. Un jour vint où un Allemand plus avisé ou plus heureux Wiedersheim, constata ou crut constater des changements de position sur les cellules du cerveau du *Leptodora hyalina*. L'observation était d'importance, et tous s'y rallièrent d'enthousiasme sans la vérifier.

Il fut avéré, dès lors, que les neurones étaient doués de mouvements amiboïdes, que les prolongements constituaient de véritables pseudopodes, qu'ils étaient susceptibles d'allongement ou de rétraction dans certaines conditions.

L'imagination aidant, ces conditions furent vite

trouvées, sans plus ample recours à l'observation. C'est ainsi que Mathias Duval expliqua gravement par la rétraction des prolongements neuraux le sommeil, l'action des narcotiques et des anesthésiques, les paralysies hystériques, etc. La veille, l'attention, la mémoire n'avaient plus de secrets : elles s'expliquaient par l'allongement des pseudopodes neuraux. La clef du fonctionnement cérébral étant ainsi trouvée, on en usait à temps et à contre-temps.

Les expérimentateurs ne pouvaient manquer à la fête. Ils se mirent à l'œuvre pour confirmer l'hypothèse des théoriciens, et ils ne furent pas difficiles dans le choix de leurs preuves. Demoor, Odier, Stephanowska, Querton, etc., sacrifièrent à profusion des animaux pendant le sommeil, l'hibernation, l'anesthésie, et furent tout heureux de signaler que leurs dendrites ou prolongements avaient beaucoup moins de ramifications, étaient plus ramassés et plus courts que les éléments correspondants à l'état de veille. Ils constatèrent encore sur le trajet des prolongements des renflements en massue, un état moniliforme des cordons qui en disait long sur le fonctionnement nerveux. Et l'on montait triomphalement au Capitole, en célébrant les victoires de la science physique sur le terrain cérébral...

... Hélas ! ces belles découvertes ne devaient pas avoir de lendemain. Les recherches ultérieures de savants plus considérables et moins pressés, Sonkhanoff, Lugaro, Weil, Frank, Ramon y Cajal, les mirent à néant en prouvant qu'elles tenaient à la technique, aux procédés de Golgi, qu'elles n'avaient rien à voir avec l'observation. Les constatations n'étaient que de vaines apparences : et les se rapportaient à des effets *post mortem*, à des modifications mécaniques des tissus. C'est ainsi qu'Allen et Bethe, Verworn ont montré la constance de l'état moniliforme sur les filaments protoplasmiques (pseudopodes de radiolaires, fibrilles musculaires de cténophores) au moment de leur mort.

Reprenant les expériences de Golgi, Ramon y Cajal a établi que, dans l'imprégnation complète des coupes de centres nerveux par sa méthode ou le bleu de méthylène, les cellules périphériques se présentent avec des dendrites et des cylindres-axes normaux, tandis que les cellules placées au centre des préparations offrent tous les caractères qu'on a donnés comme appartenant en propre aux cellules pendant le sommeil ou l'anesthésie.

Il faut d'ailleurs remarquer qu'on ne saurait assimiler l'anesthésie au sommeil normal, ni même confondre celui-ci avec la longue torpeur des animaux hibernants. Merzbacher a montré sur ce dernier point (1) des différences essentielles. Plusieurs savants réputés, entre autres Erlich, Overton, ont étudié à fond, depuis quelques années, le mécanisme de l'action anesthésique. D'après eux, cette action serait due en grande partie à la solubilité des substances anesthésiques dans les lipoïdes des cellules nerveu-

_______

1. *Ergebnisse der Physiol.*, II, p. 214.

ses. Quel que soit l'avenir de cette explication chimique, on voit qu'elle est loin de confirmer la théorie physique des prolongements amiboïdes.

Il faut encore citer, parmi les théories physicochimiques du sommeil, celle que Schleich a voulu établir sur les connexions existant entre la névroglie et les parois artérielles. Elle est aussi obscure que laborieuse. Le savant allemand suppose que la névroglie s'imprègne d'eau transsudée des vaisseaux et que cet œdème cérébral, en séparant les prolongements cellulaires les uns des autres, amène le sommeil. On a du mal à concevoir comme physiologique, régulier et normal un œdème qui gonflerait et disjoindrait tous les éléments du cerveau. C'est pourtant à une théorie semblable que s'est rallié Ramon y Cajal : il attribue le sommeil à des modifications morphologiques, à l'épaississement et à l'allongement des fibres. Nous doutons fort qu'une pareille théorie résiste jamais aux objections de la raison et des faits.

Faut-il parler maintenant de la conception aventureuse d'Uexhuel ? Après de laborieuses recherches poursuivies de 1896 à 1904, ce savant a proposé, pour expliquer le jeu de l'action nerveuse, un schéma compliqué qui comprend des mécanismes variés et jusqu'à des soufflets, des valves, des barres de gouvernail, etc. Tout ce schéma repose sur l'idée que l'excitation (*tonus*), gratifiée de quantité et de pression, se meut dans le système nerveux comme un liquide. L'auteur en arrive même à regarder cette excitation problématique comme une substance. Bethe n'a-t-il pas découvert un acide dans la substance des fibrilles ?

Est-il besoin de remarquer qu'aucun fait expérimental, qu'aucun fait histologique ne vient à l'appui du schéma tout théorique d'Uexhuel ? La construction est grande, ingénieuse, mais elle ne repose que sur le sable ou mieux dans le vide.

Un savant français, Lapicque (1) a imaginé une explication plus simple et très intéressante du fonctionnement nerveux. Tâchons d'en donner une notion succincte.

Dans le cours de ses travaux sur l'excitabilité des nerfs moteurs (2), Lapicque a pu se rendre compte que le processus d'excitation électrique d'un nerf moteur a la forme d'une polarisation et que l'excitabilité de ces nerfs est définie par deux paramètres. De ces paramètres, l'un est le *niveau du seuil* mesuré dans chaque expérience par l'intensité du courant électrique qui, fermé brusquement et durant indéfiniment, provoque la secousse minimale ; l'autre représente un coefficient chronologique montrant que l'intensité du courant existant et la durée du passage doivent être des grandeurs inversement proportionnelles.

Le D$^r$ Lapicque établit les points suivants :

1° Dans un seul et même organisme, le coefficient chronologique de l'excitation varie considérablement

---

1. C. R. *Société biologique*, 1907, n° 39, 3 janvier, p. 787.

2. *Journal de physiologie et pathologie générale*, 1907, p. 620.

d'un élément anatomique à l'autre, et dans les divers muscles ce coefficient varie comme la vitesse de contraction ;

2° Le nerf moteur de chaque muscle a le même coefficient que le muscle ;

3° Dans un nerf mixte, les éléments sensitifs ont en général un coefficient plus petit que les éléments moteurs.

Lapicque observe encore, à la suite des auteurs classiques, que pour des courants s'établissant lentement, l'inexcitabilité d'un élément donné est d'autant plus grande que son coefficient chronologique est plus grand. On peut déduire des travaux de Hermann, Bernstein, Fuschs, Boruttau et Carlson ces principes généraux :

L'onde de négativité fonctionnelle correspondant à une excitation unique présente une phase de croissance, un minimum et une descente.

La vitesse de propagation et la durée de l'onde varient en proportion inverse l'une de l'autre ; la vitesse dans un nerf moteur varie comme la vitesse de contraction du muscle correspondant.

Par suite, un point donné d'un nerf subit, au moment du passage de l'onde nerveuse, une variation de potentiel, dont la rapidité est fonction du coefficient chronologique, défini comme paramètre de l'excitabilité.

Telle est la complexe et nuageuse théorie. Pour l'édifier, Lapicque doit admettre les postulata qui suivent :

1° Le système nerveux est essentiellement discontinu (réseau des neurones) et hétérogène (les divers neurones ayant des propriétés différentes) ;

2° La fonction primordiale des centres nerveux est de laisser passer ou non l'influx nerveux dans une ou plusieurs des directions anatomiques constituées ;

3° Le contact d'un pôle émissif d'un neurone agit sur un autre neurone, comme le contact de la cathode sur le nerf en expérience. L'onde de négativité fonctionnelle peut être traitée comme le courant expérimental.

Le malheur est que ces postulata ou ces hypothèses restent à établir et à prouver. Le système nerveux est-il discontinu ? Rien ne l'établit ; pas même les préparations de nos histologistes, dont les méthodes de coloration et d'imprégnation laissent beaucoup à désirer au point de vue de la sincérité des résultats. On s'accorde à croire que nombre de faits observés au microscope sont fictifs, artificiels, ne répondent nullement à l'état de nature. Quelle valeur leur attribuer ? Pareillement, il est impossible d'admettre que les différents neurones d'un même centre ont des propriétés différentes. L'hétérogénéité des centres est une toute gratuite hypothèse.

Revenons à la théorie de Lapicque. Voici l'exposé qu'il en donne : « Soit un conducteur centripète A cylindrique se divisant en trois branches cylindriques d'égale portion. Chacune de ces branches est appliquée par une section droite sur un des trois neurones B,C,D, présentant le même niveau du seuil ; mais B est homochrone avec A, tandis que C et D sont hétérochrones, l'un plus rapide, l'autre plus lent que A.

« B, C, D, sont à l'état neutre ou de repos. Une onde de négativité arrive le long de A. Il résulte nécessairement des données ci-dessus que si cette onde est liminaire, elle se transmettra seulement dans l'élément homochrone B (réflexe localisé). Si elle est plus intense, elle pourra se transmettre en même temps à C et à D (irradiation des réflexes). »

Lapicque trouve la justification de sa thèse dans les faits acquis de la physique : « Dans un conducteur cylindrique, l'onde se transmet avec une vitesse uniforme, sans perte sensible. A la surface de séparation, l'accumulation de la charge électrique (polarisation) doit atteindre le niveau du seuil avant que le neurone suivant entre en activité (temps perdu). A chaque ramification, l'énergie électrique se partage, pour que dans la voie qui fonctionne l'influx se maintienne à la même intensité, il faut que de l'énergie nouvelle soit fournie, *a fortiori* s'il y a renforcement. La cellule (périkaryon) transforme de l'énergie potentielle chimique pour couvrir ce besoin (différence radicale de la nutrition dans les nerfs d'une part, dans les centres de l'autre ; infatigabilité — fatigue ; dégagement de chaleur — influence de l'arrêt de la circulation, etc.). »

Lapicque conclut en ces termes : « Le schéma ci-dessus n'explique pas l'*inhibition* ni son inverse (dynamogénie de Brown-Séquard): il laisse place pour leur explication. Nous avons supposé les neurones récepteurs à l'état neutre ; ils peuvent être déjà excités, chargés positivement ou négativement par des actions d'autres neurones. Si, au lieu d'une onde unique, on suppose un influx rythmé, l'excitation pourra, suivant ce rythme, se transmettre sélectivement au neurone le plus lent ou au neurone le plus rapide (adaptation de la réponse). Les surfaces de contact peuvent être supposées inégales, ce qui entraîne une variation arbitraire dans les hauteurs relatives des seuils ; une modification convenable des surfaces respectives des divers contacts rendrait compte de l'éducation, de l'habitude, etc. L'addition latente, à laquelle il n'y a aucune raison d'attribuer dans les centres nerveux une autre nature que dans les muscles, peut s'expliquer par un résidu de polarisation. L'irreversibilité des actions nerveuses, malgré le mot de *polarisation dynamique* par lequel on la désigne, reste à expliquer. »

La théorie de Lapicque n'a aucune base sur le terrain vital et nerveux, elle s'autorise exclusivement des données de la physique. A cet égard, on ne peut méconnaître sa séduisante simplicité. Étant donné un influx nerveux qu'on suppose gratuitement d'ordre électrique, le jeu de la vie encéphalique s'explique tout seul. Cet influx arrive à un centre, se met en rapport avec plusieurs systèmes neuroniques : il ne passe que là où il y a accord, c'est-à-dire dans le système neuronique qui est accordé pour vibrer synchromatiquement avec la fibre centripète. L'explication est claire, et elle serait parfaite, si elle tenait compte de la vie et de la force nerveuse qui n'ont rien de comparable avec les forces brutes de la nature physique. Entre l'être inanimé et le moindre être vivant, il y a un hiatus qu'il faut reconnaître et que le Dr Lapicque n'a pas vu. La physique n'est pas la physiologie et ne saurait la remplacer.

La chimie n'est pas plus apte que la physique à nous livrer la clef de la physiologie, à nous donner la raison de la vie. Et pourtant Dieu sait si les hypothèses chimiques se sont multipliées de nos jours pour expliquer le sommeil, la veille, la nutrition, les mille fonctions de l'organisme vivant et sentant.

Un fait qui a vivement frappé les observateurs, c'est l'intensité de la circulation sanguine dans les centres, et particulièrement au cerveau. Cette circulation est si importante, si nécessaire au jeu des centres qu'on peut la dire indispensable : sa suspension amène l'arrêt des fonctions et de la vie même. On a remarqué encore que la circulation sanguine, intense dans les centres, est beaucoup moins active dans les nerfs périphériques.

Mais, remarque essentielle, ces observations se font chez les vertébrés supérieurs à sang chaud. Elles sont bien moins nettes chez les vertébrés à sang froid. La suppression de la circulation chez la grenouille n'entraîne pas de troubles graves, au moins immédiatement. Enfin les invertébrés font faillite à la loi prétendue générale : ils ne présentent pas de différence notable au point de vue de la richesse vasculaire entre les centres et les nerfs périphériques. On voit combien ces résultats sont variables et divergents, peu aptes à soutenir une théorie physicochimique de la vie.

L'oxygène passe pour le maître de la vie. Joue-t-il en effet un rôle prépondérant dans les phénomènes vitaux ? On l'a cru longtemps, sur la parole des maîtres, mais l'étude attentive de la série animale a montré péremptoirement que la vie est parfaitement possible dans les milieux privés d'oxygène. Les vers intestinaux sont un exemple remarquable et souvent cité. Les grenouilles soumises à des expériences répétées gardent toutes leurs fonctions et jusqu'à leurs réflexes dans des atmosphères anaérobies, dans l'hydrogène pur. Malgré ces démonstrations décisives, la plupart des auteurs n'ont cessé d'attribuer au sang oxygéné une action prépondérante dans le fonctionnement des centres. Mais ils ont comme à plaisir compliqué le problème pour rendre la solution plus sensationnelle, et il est intéressant de voir de près l'ingéniosité de l'imagination en face des mystères de la vie.

Dès 1859, Schrœder van der Kolk explique catégoriquement et sans voile le fonctionnement des centres nerveux. La circulation y amène des substances nutritives qui s'y accumulent et qui se retrouvent mises en liberté par des décharges en quelque sorte explosives quand le centre reçoit une excitation amenée par un nerf centripète. C'est un joli roman, rien de plus.

Le célèbre Wundt avait aussi sa théorie. Elle eut son heure de vogue, mais elle a fait son temps et est actuellement bien démodée. Le physiologiste allemand admettait dans toute cellule une double série de processus de construction et de processus de destruction, les premiers prédominant dans les cellules sensorielles et les autres dans les cellules motrices. Un tel partage est arbitraire et inacceptable : il n'a jamais été vérifié.

Selon Wundt, les cellules nerveuses sont constituées par une zone périphérique qui se trouve excitée en même temps que la fibre centripète et par une zone centrale qui est en rapport avec le cylindre-axe et capable d'emmagasiner les excitations. Ces énergies potentielles accumulées peuvent se libérer par des décharges explosives. Il résulte de là que des excitations faibles n'aboutissent pas, qu'elles se trouvent absorbées, et en quelque sorte éteintes par les autres. Répétées fréquemment, elles s'additionnent et arrivent à créer à la longue une hyperexcitabilité grâce à laquelle le centre répond par une décharge explosive à une dernière excitation qui, à elle seule, eût été incapable de provoquer une réaction. Tout ce système est clair, s'enchaîne logiquement. Est-il besoin d'ajouter qu'il n'est que supposé, sans aucune base ?

La théorie de Wundt est entrée dans l'histoire, elle remonte à 1874. Celle de Pflüger date de 1875, mais a sur la première l'avantage de procéder d'expériences originales. Notre savant place une grenouille dans une atmosphère privée d'oxygène, à une basse température, et il observe que l'animal garde ses réflexes pendant longtemps avant de tomber dans la somnolence et le coma. Le replace-t-on dans l'air ordinaire, on le voit revenir au mouvement et à la vie. Cette expérience tend à établir que le système nerveux contient dans ses molécules des réserves d'oxygène, grâce auxquelles les combustions intra-cellulaires peuvent se continuer assez longtemps. Pendant le sommeil, il y a accumulation d'oxygène. Pendant la veille, les combustions dominent au contraire, la consommation d'oxygène est supérieure à l'absorption, si bien que les décharges explosives deviennent de plus en plus rares et faibles jusqu'à ce que l'animal tombe en sommeil (1).

Pflüger a pu constater que la substance grise du cerveau de lapin est neutre ou légèrement alcaline à l'état vivant, mais qu'elle devient nettement acide aussitôt après la mort. C'est ce que Funke avait déjà observé en 1859 sur la moelle et les nerfs périphériques. Il est donc acquis que le fonctionnement de la vie nerveuse entraîne la consommation de l'oxygène et l'élimination de l'acide carbonique. Mais c'est là une activité commune de la nutrition, et qui ne nous dit rien sur les mystères de la vie nerveuse et sensible.

Les travaux d'Ehrlich (2) ont encore confirmé l'im-

---

1. Cf. D{^r} S. *Le sommeil.* Sueur.
2. *Deutsche Mediz. Wochens*, 1886, n° 4.

portance de l'oxygène dans le fonctionnement des centres nerveux. Ils ont montré que le bleu d'alizarine, substance rebelle à la réduction, n'est pas touché par la substance des centres nerveux vivants, mais au contraire se trouve réduite peu de temps après la mort, quand l'apport d'oxygène a cessé. Le centre nerveux avide d'oxygène n'attaque pas le bleu tant qu'il en a à sa disposition, mais dès que la circulation s'arrête, il en prend au bleu d'alizarine et le transforme en une substance réduite incolore. Exposez ensuite à l'air le tissu incolore, et il récupère vite sa couleur. Des colorants moins réfractaires, comme le bleu d'indophénol et le bleu de méthylène, ne sont pas réduits par le cerveau dont la circulation est normale ; mais si l'on entrave ou si l'on supprime cette circulation, ils sont vite transformés par réduction en leurs leucodérivés incolores.

Ehrlich a établi à cet égard une grande différence entre le tissu nerveux central et les autres tissus de l'organisme. En effet, presque tous peuvent réduire à l'état vivant le bleu d'indophénol et le bleu de méthylène ; certains même, comme le poumon, sont capables de réduire le bleu d'alizarine. C'est la preuve que le cerveau et les centres nerveux sont, pendant la vie, copieusement pourvus d'oxygène, pour ainsi dire saturés, puisqu'ils ne touchent pas aux corps facilement réductibles.

Notre savant a encore découvert que la réduction de l'indophénol ne se fait que lorsque le tissu nerveux commence à présenter une réaction acide. Injectant en même temps de l'alizarine sodée et de l'indophénol, il n'a vu se produire la réduction du dernier (disparition de la couleur bleue) qu'après la disparition du violet d'alizarine (milieu acide). Il a aussi observé que si l'on injecte du blanc d'indophénol qui colore toute l'écorce cérébrale en bleu (le blanc d'indophénol est oxydé par le sang, transformé en bleu et fixé par les centres gris) et qu'on excite l'écorce au moyen d'un courant électrique, on observe autour des électrodes et dans toute l'épaisseur de la couche grise correspondante une décoloration par transformation du bleu en leucodérivé. La conclusion s'impose : l'excitation du centre nerveux s'accompagne d'une augmentation de la consommation d'oxygène.

Cette expérience, confirmée par les recherches ultérieures de l'Anglais Hill, est des plus intéressantes ; mais il serait prématuré d'en tirer des arguments positifs. Elle a besoin d'être reprise et complétée. Le problème cérébral reste entier.

Verworn et ses élèves ont obtenu quelques résultats en déterminant une vive hyperexcitabilité des centres par de fortes doses de strychnine et en pratiquant des circulations artificielles.

Des grenouilles soumises à l'action de la strychnine présentent une série de crises tétaniques, interrompues par des périodes d'inexcitabilité, de durée croissante, puis finalement la perte des réflexes. Cet état serait dû à l'asphyxie que produisent les troubles de la circulation. Vient-on à opérer, sur une de ces grenouilles, une circulation artificielle avec une solution

de chlorure de sodium privée d'oxygène, on observe
le retour de quelques contractions à la suite d'excitations. On explique le fait de la manière suivante :
la gêne circulatoire entraînerait la formation et le
dépôt de substances paralysantes, et la circulation
artificielle aurait pour effet de les enlever.

Un élève de Verworn, Winterstein, a montré que
si l'on place une grenouille strychninisée dans l'acide
carbonique, la paralysie éclate avant que les cram-
pes ne débutent, mais qu'il suffit de la plonger dans
de l'hydrogène pour voir se produire aussitôt les convulsions. Celles-ci s'arrêtent bientôt, mais reparais-
sent, si on met l'animal dans l'air.

Il faut donc croire que la convulsion est due à un
processus désassimilatoire qui siège dans le neurone.
L'accumulation des résidus de désassimilation exerce
une action paralysante, et c'est pourquoi il n'y a pas
de convulsions dans l'acide carbonique. Si on place
l'animal dans l'hydrogène, les produits de désassimilation paralysants sont éliminés, les actes de désassimilation reprennent leur cours pour cesser bientôt,
mais cette fois par manque d'oxygène, et c'est pourquoi les convulsions reprennent dans l'air.

C'est en s'appuyant sur tous ces faits que Verworn
a conçu le fonctionnement des centres nerveux.
D'après lui, les réflexes sont accompagnés d'une décharge des cellules ganglionnaires qui se fait à la faveur d'un processus de désassimilation. Cet acte de
désassimilation a pour siège les « molécules biogènes »
des cellules nerveuses qui sont saturées d'oxygène

et de produits combustibles grâce au torrent circulatoire. Pendant la fatigue, la désassimilation est empêchée par l'accumulation de l'acide carbonique et des produits de désassimilation, pendant l'épuisement, par la disparition des réserves et surtout de celles qui contiennent l'oxygène combiné.

Ce système, on le voit, n'est pas nouveau. Il accuse une réminiscence consciente ou non des théories de Schrœder van der Kolk et de Wundt. C'est toujours, en dernière analyse, l'appel au double concours de l'assimilation et de la désassimilation qui fait en somme le fond de la nutrition et de toute activité vitale. Quelle lumière cet aperçu donne-t-il sur l'activité cérébrale ?

Bethe s'est attaché à critiquer la théorie chimique de Verworn dans une étude récente (1), et l'on peut résumer son argumentation très serrée.

Verworn tient le stade réfractaire pour une période transitoire de fatigue et d'épuisement : l'acide carbonique serait accumulé, et il y aurait manque d'oxygène. Or, comme l'observe notre auteur, si l'expérience a donné de tels résultats, c'est parce que les animaux étaient fortement intoxiqués. Normalement, tout le monde le sait, le début d'asphyxie augmente l'excitabilité des centres. Les travaux de Miescher, Speck, Zuntz, Mares, Boruttau, Weil ont montré que l'acide carbonique constitue l'excitant de choix. La théorie de Werworn suppose le contraire.

<hr>

1. *Ergebnisse Asher et Spiro*, 1904, p. 271.

Elle ne rend pas davantage raison des excitations inhibitrices. Bethe se déclare opposé à toutes les théories qui admettent une corrélation nécessaire entre l'activité des centres nerveux et une forte consommation d'oxygène. N'est-ce pas admettre que dans la fibre périphérique il y a simple conduction avec faible ou nulle consommation d'oxygène, tandis que les centres se distingueraient par leurs décharges avec désassimilation très active ? Or il paraît bien établi qu'aucun système nerveux ne comporte un automatisme absolu. A tous, il faut une excitation du dehors. Le centre nerveux est incapable de spontanéité, même chez l'animal strychninisé : il suffit en effet de couper les racines postérieures médullaires (centripètes) pour faire disparaître tout mouvement.

De plus, il n'y a pas de décharges récurrentes. On a vu que les théories précédentes attribuent la fatigue d'un centre et son inexcitabilité à la suite de réponses fréquentes à la consommation totale de l'énergie accumulée dans ce centre, en un mot à une désassimilation extrême. Le centre est épuisé, et il ne peut donner les décharges nouvelles qu'au bout d'un certain temps, quand il aura réparé ses pertes.

Or, il est certain que cet épuisement prétendu n'existe pas. Ne savons-nous pas que lorsqu'un muscle ne répond plus après l'excitation répétée d'un nerf donné, que par suite le centre correspondant n'est plus excitable, on peut encore obtenir une contraction de ce muscle en excitant le centre correspondant *par une autre voie ?*

Bethe remarque fort justement que le rôle attribué à l'oxygène est simplement présumé, nullement établi. Rien ne prouve que l'activité cérébrale psychique exige une consommation exagérée d'oxygène. Les expériences de Roy et Sherrington ne concluent pas en ce sens. Si la caféine est vasodilatatrice, les narcotiques et les anesthésiques ont une action identique (Hurthle). Il n'est pas permis de regarder l'activité cérébrale comme identique ou même comparable à celle d'une glande ou d'un muscle. Nous sommes loin du temps où un Karl Vogt osait dire que le cerveau sécrète la pensée *comme le foie sécrète la bile...*

Les théories qui reposent sur la désassimilation veulent que l'excitabilité, la possibilité de décharge, augmente parallèlement à la quantité disponible d'oxygène, alors qu'elle diminue quand la quantité d'acide carbonique augmente. Or c'est tout le contraire qui se produit : le pouvoir de consommer des quantités plus grandes d'oxygène diminue l'excitabilité et dans certains cas aussi cette excitabilité est augmentée (centres respiratoires) par une augmentation de la quantité d'acide carbonique. Les recherches de Uspenski, Schiff, Frensberg ont établi que la respiration artificielle entraîne non seulement une forte baisse de l'excitabilité du centre respiratoire, mais encore la suspension de tous les réflexes. Bethe en arrive à croire que l'absence d'oxygène augmente l'excitabilité, et que son excès l'abaisse. C'est dire que toutes les théories chimiques de la vie s'écroulent par la base.

A l'opposé des maîtres qui voyaient dans les cellules nerveuses, les superbes neurones, le pivot de la vie cérébrale, certains auteurs ont prétendu le placer dans les modestes fibres conductrices, dans les fibrilles. Les uns et les autres pèchent par exclusivisme : ne méconnaissent-ils pas l'unité de la vie nerveuse qui se base également sur le neurone et ses prolongements ?

Bethe, Nissl ont substitué de nos jours la théorie des fibrilles à la théorie des neurones. On ne peut contester leur originalité, mais il serait difficile de soutenir qu'ils ont mieux vu que leurs aînés. Tous ont une lanterne ; mais l'essentiel ne serait-il pas de l'allumer ?

D'après les anciens, les fibrilles n'auraient qu'un rôle de conduction. D'après Bethe, les cellules n'auraient qu'une vertu : celle de conduire les excitations. Toute l'activité nerveuse résiderait, selon lui, dans le réseau fibrillaire de la substance grise. L'idée est hardie, nouvelle, et quelque peu paradoxale.

Comme le remarque justement Langendorff, il n'est pas possible de concilier avec *l'irréversibilité* la théorie qui voit dans les centres des voies de simple transmission. Les nerfs périphériques conduisent dans les deux sens : on le sait depuis longtemps grâce à une expérience célèbre. Qu'on sectionne un nerf moteur et un nerf sensitif (lingual et hypoglosse), qu'on réunisse par une suture le bout périphérique du nerf moteur avec le bout central du nerf sensitif ; et au bout de quelques jours la fusion est faite.

Si on excite alors ce nouveau tronc nerveux, on obtient en même temps du mouvement et de la douleur, la conduction parfaite dans les deux sens. Or, cette réversibilité si manifeste dans les nerfs n'existe pas pour les centres. L'excitation est bien transmise du nerf centripète au nerf centrifuge, mais non *vice versa ;* ce qui devrait être, si les centres n'étaient que des agents de conduction.

Bethe n'en tient pas moins pour certain que les réflexes peuvent se faire sans l'intervention des centres ; et il cite à l'appui de sa thèse une curieuse expérience qu'il a réalisée sur le *carcinus mœnas.* Cet animal offre une telle disposition de ses ganglions qu'on peut séparer complètement des centres tout un département anatomique. Les nerfs des antennes contiennent des fibres afférentes et efférentes. La partie centrale de la deuxième antenne pénètre dans la partie inférieure du ganglion cérébroïde. Bethe incisa la partie de ce ganglion de manière à isoler complètement le système fibrillaire de l'antenne. Il arriva à constater alors que la tonicité et l'excitabilité de la partie isolée disparaissaient aussitôt, mais revenaient au bout de vingt-quatre heures. Il put même observer non seulement le retour des réflexes, mais aussi les phénomènes d'addition latente (sommation), c'est-à-dire qu'une faible excitation, incapable de provoquer seule un réflexe, arrivait à l'amener en se répétant.

Bethe se refuse à croire que les centres soient le siège de décharges, mais il attribue à *l'état d'équili-*

*bre* le besoin qu'ils ont du sang et de l'oxygène. Cet état s'explique de la manière suivante. Il y a dans les fibrilles du système nerveux central et périphérique une substance que caractérisent ses colorabilités et qui joue un rôle capital dans la conduction : c'est l'*acide fibrillaire*. Il présente des combinaisons variées et ne peut être libéré que pendant l'asphyxie et seulement dans les centres. Ce qui domine partout, c'est la conductivité ; mais, dans les centres, sous l'influence oxygénée, il se forme une *substance inhibitrice* (*dampfende substanz*) qui continue à être oxydée peut-être jusqu'à la formation d'eau et d'acide carbonique. Tout se concentre donc dans l'action réciproque et dans les différents équilibres chimiques qui peuvent exister entre ces deux substances: *acide fibrillaire* et *corps inhibiteur*.

Le rédacteur de l'*Œuvre médico-thérapeutique* conclut en ces termes que nous faisons nôtres : « Il est évident qu'une fois qu'on veut admettre ces hypothèses, *on peut tout expliquer*. Mais le phlogistique expliquait tout, les matières peccantes aussi. On se demande vraiment comment un savant sérieux comme Bethe a pu arriver à bâtir et à exposer un système *qui ne repose pas sur un seul fait expérimental* et qui peut être considéré comme un pur roman physiologique. Mais Ehrlich a complètement tourné la tête d'un tas de physiologistes. Le succès de ses fameuses *chaînes latérales*, de tous les groupements *toxoniques*, *toxoïdiques*, de tout le fatras terminologique qui pour expliquer quelques phénomènes, se sert d'hypo thèses farcies elles-mêmes de chaînes latérales, a poussé un tas de gens à vouloir eux aussi avoir leurs substances hypothétiques. Bethe a donc l'*acide fibrillaire* et la *substance tampon*. »

Ce sont des mots, dira-t-on, *sunt verba et voces*. Mais, ne l'oublions pas, les mots sont les éléments du langage parlé ou écrit, ils sont ou doivent être les vêtements des idées. Et les idées mènent le monde. *Mens agitat molem.* Ne méprisons pas les mots qui servent à exprimer les idées et à dire la vérité, mais repoussons et combattons ceux qui embrouillent les questions et n'ont qu'un but, celui de nous égarer. La parole n'a pas été donnée à l'homme pour trahir ou déguiser sa pensée, mais pour la communiquer. Défions-nous de ceux qui parlent pour ne rien dire ou qui expliquent les mots par les mots dans une phraséologie redondante et vide.

Pour tout dire, nos savants ont un but caché qu'il est facile d'éventer : ils font appel à des mots nouveaux, baroques, invraisemblables, parce qu'ils veulent éliminer du langage scientifique et de la conscience humaine les vieux mots qui ont convenu à nos pères, qui sont compris par tous, qui sont immortels, indestructibles, *Dieu* et l'*âme*. Voilà vraiment ce qui tourne la tête de tant de physiologistes et de médecins, d'Ehrlich, de Bethe et des autres. Ils sont hantés de la crainte de connaître ou de servir l'antique spiritualisme ; et, pour ne pas saluer l'âme immortelle, pour ne pas tomber ravis et confondus aux pieds de Dieu, notre Créateur et notre Maître, ils se jettent dans le ridicule et dans l'absurde, dans le néant des idées et des mots. Plaignons-les, mais ne les imitons pas ! Restons dans la vérité des faits et dans la lumière de la logique, calmes, confiants dans l'avenir du spiritualisme traditionnel, bien mieux, sûrs de son prochain triomphe.

# CHAPITRE VII

## Les centres psychiques de Grasset

Sommes-nous en état de définir *actuellement* les rapports de l'esprit et du corps d'après les données de la science expérimentale, pouvons-nous dire la nature et le fonctionnement de la vie psycho-sensible, concevoir, en un mot, et écrire la *science de l'âme ?* La cérébrologie qui existe depuis quarante ans à peine est-elle une science *faite,* capable de nous éclairer sur les graves problèmes de la psycho-physiologie ? Nul n'oserait le prétendre ; et, moins que personne, le distingué professeur de Montpellier, le Dr Grasset. Il sait, comme tous les praticiens, que le mystère plane toujours sur la plupart des fonctions cérébrales, et c'est avec une louable modestie, avec les plus légitimes réserves qu'il aborde la cérébrologie.

« Ceci, écrit notre confrère au seuil de son *Plan d'une physiopathologie clinique des centres psychiques* (1904), ceci est simplement une demande de consultation adressée aux psychologues et aux aliénistes par un clinicien qui n'a l'honneur d'être ni l'un ni l'autre, mais qui s'intéresse beaucoup, et depuis longtemps, à l'étude du fonctionnement général des centres nerveux (1). »

La prudence qu'accuse ici le Dr Grasset est de mise,
nous le verrons au cours de ce livre. Le terrain cérébral est à peine exploré, très mal connu : comment
ne serait-on pas exposé à s'y égarer et à s'y perdre ?
Les centres *psychiques* que notre confrère y place ou
croit y découvrir sont loin d'être tous établis ; et il
est utile de se rappeler que ce sont toujours des centres *sensibles*. La plume du Dr Grasset se plaît, comme
beaucoup d'autres, à prendre le terme *psychique*
comme synonyme de *sensible*.

Voici en quelques lignes le plan de notre auteur :
« Il s'agit, dit-il, d'étudier les centres psychiques dans
leur double fonctionnement, physiologique et pathologique, c'est-à-dire que tous les symptômes psychiques doivent être présentés comme l'expression de la
déviation pathologique d'une fonction psychique normale. C'est la physiologie et la pathologie psychiques
s'éclairant et se complétant mutuellement et devant
former la base commune de la classification des actes
ou des fonctions psychiques à étudier, *le tout étant
basé, en dernière analyse, sur la méthode anatomoclinique* si féconde dans toutes les branches de la neurologie.

« Il faut étudier successivement : 1° les diverses
fonctions psychiques à l'état normal ; 2° les mêmes

---

1. Le *Traité élémentaire* (1912) du même auteur ne fait que reproduire les mêmes idées.

fonctions à l'état pathologique, le symptôme étant produit par le trouble de la fonction physiologique ; 3° les maladies dans lesquelles on trouve ces divers symptômes (sans faire, bien entendu, un traité de pathologie mentale, ni un traité de psychologie) ; 4° le siège anatomique des altérations dans les maladies à symptômes psychiques. »

Ce plan est vaste, il ne se réalise encore que sur le papier, mais le D<sup>r</sup> Grasset a eu raison de le formuler. Il a encore eu raison d'indiquer, comme antécédente l'étude des fonctions psychiques. Combien n'en ont pas la moindre idée et prétendent tirer toutes leurs déductions d'une vue superficielle et fausse des cas pathologiques ! Mais à quels invraisemblables auteurs le maître de Montpellier s'adresse-t-il pour connaître la psychologie normale ? Aux modernes et aux matérialistes. Pourquoi s'en référer exclusivement à Ribot, Sollier, Mosso, Pierre Janet ? Ce ne sont pas là des maîtres *en philosophie ;* et toute la tradition nous offre des auteurs éminents pour nous apprendre les résultats de l'*introspection.* Est-ce que par un étrange phénomène d'optique le passé disparaîtrait à nos yeux et ne compterait plus ? Est-ce que la philosophie daterait de 1789 comme l'histoire ? Et le spiritualisme qui domine la tradition et fait la gloire de l'esprit humain serait-il hors d'usage, relégué au domaine des *vieilles lunes,* parce qu'il n'a plus de représentant dans l'enseignement *officiel,* parce qu'il est antipathique à nos gouvernants ?...

Ce n'est certes pas la pensée du D<sup>r</sup> Grasset. Mais

pourquoi ne fait-il pas la part égale entre la philosophie et la science ? Pourquoi ne marque-t-il pas la
prééminence et les droits de la première ? Si la *méthode anatomo-clinique* est indiquée pour connaître
le fonctionnement du cerveau, il faut avouer qu'elle
est encore bien mal ou bien peu appliquée, car on
compte ses résultats. Et en attendant, l'*introspection*
suffit à l'étude des facultés de l'âme. Sans faire in-
jure aux modernes, on peut dire que les anciens
ont posé solidement les bases d'une psychologie ra-
tionnelle et scientifique. Pourquoi ne pas leur rendre
la justice, l'autorité et l'hommage qu'ils méritent ?
Est-ce que nos professeurs actuels de la Sorbonne
ou du Collège de France auraient l'outrecuidante
prétention de remplacer, de dépasser, comme psychologues, un saint Thomas d'Aquin ou même un
Bossuet ? La conscience humaine ne change pas,
elle est aujourd'hui ce qu'elle était hier ; et ce ne
sont pas nos réformateurs modernes qui modifieront
l'économie générale de l'âme, l'ordre et la nature de
ses facultés. La philosophie traditionnelle ne saurait
subir les outrages du temps, elle est appelée à se
perfectionner et à grandir, toujours pleine d'une res-
plendissante jeunesse.

L'étude du D<sup>r</sup> Grasset se divise en trois chapitres :
1° les fonctions psychiques générales ; 2° les fonctions psychiques particulières ; 3° le diagnostic du
siège des altérations à symptomatologie psychique.

Le premier chapitre se subdivise en quatre sections : 1° actes psychiques de réception et de repré-

sentation : sensation, émotion, perception ; 2° actes psychiques de réflexion et d'élaboration intellectuelle : attention, mémoire, association, imagination, jugement ; 3° actes psychiques de volition et d'expression ; 4° ensemble des fonctions psychiques générales.

La première section se partage en trois paragraphes : 1° sensation et émotion ; 2° perception et formation de l'idée ; 3° degrés du psychisme récepteur : psychisme supérieur et inférieur.

*Sensation et émotion.* — M. le professeur Grasset se déclare étranger à la philosophie, mais *philosophe à sa manière.* Il ne recule pas devant les affirmations les plus osées et nous ménage beaucoup de surprises. Et la première n'est pas la moindre. Voici sa définition *physiologique* de la sensation : « La sensation est le phénomène psychique produit par l'arrivée d'une impression centripète aux neurones supérieurs de la conscience. » C'est là une définition *scientifique.* Que serait-ce si elle ne l'était pas ? Les savants ont la marotte d'accuser les philosophes de procéder par vagues déductions et par à peu près et d'abuser de l'*a priori* ; ne méritent-ils pas d'être rappelés à l'ordre et à la vérité ? Quelles preuves nous apportent-ils à l'appui de leurs prétentions ? Quel fait établit l'existence des « neurones supérieurs de la conscience ? » Qui permet de localiser la conscience ? Qu'y a-t-il de psychique dans une sensation ? Toute sensation résulte-t-elle d'une impression centripète ? Il y a dans les affirmations de notre confrère un beau faisceau d'hypothèses qui seront peut-être un jour plus ou moins vérifiées mais qui ne sont pas actuellement prouvées. La physiologie d'ailleurs n'a rien à y voir; et je leur préfère les sérieuses déductions de nos philosophes basées sur l'introspection et le raisonnement.

« L'impression centripète, déclare le D$^r$ Grasset, peut ne pas dépasser une série d'étages inférieurs de neurones, s'y emmagasiner ou produire un réflexe plus ou moins élevé : *dans tous les cas, il n'y a pas sensation. Il n'y a sensation que quand il y a conscience*, et il faut réserver le mot conscience à la perception par les neurones les plus élevés, ceux qui constituent le moi. »

M. Grasset a tort de marcher ici sans lisière, nous voulons dire sans philosophie. Dépourvu des notions élémentaires, il fait une confusion regrettable entre la sensation et la conscience, entre la sensation et la perception. C'est qu'il ne saisit pas le fond de la sensation et ne se rend pas compte de sa nature *mixte*. La sensation n'est pas seulement physiologique, elle est encore psychologique, c'est, pour le dire d'un mot, un acte du *composé*. Aristote l'a dit (*De animâ*), c'est l'acte commun du senti et du sentant. Elle comprend deux causes : une cause externe et une cause interne. Elle est vraiment active, et par suite ne saurait être réduite et assimilée à son élément externe, à l'impression qui est d'ordre passif. Par son élément interne elle relève de la spontanéité vitale et se rattache chez l'homme à l'ordre psychologique ; mais il faut se garder de la sortir de son humble place et de l'élever au rang supérieur de la conscience.

La sensation n'est pas la conscience. Descartes l'a prétendu, il est vrai ; mais son opinion idéaliste et fausse n'a pas prévalu. Malebranche soutenait la même théorie et ne voulait pas que les bêtes eussent la sensation puisqu'elles n'ont pas la conscience. L'observation a fait justice de ces extravagances. Ne sommes-nous pas, endormis ou éveillés, le siège d'innombrables sensations que nous ne percevons pas, dont nous n'avons pas conscience ? La vie de chacun de nous est pleine de *sensations inconscientes* ; et elles constituent pour notre psychisme un trésor inépuisable. C'est grâce à elles que toutes nos facultés peuvent se former, s'exercer et grandir. « L'inconscience est le substratum, la condition nécessaire de la conscience, et non son dérivé, comme l'affirment les matérialistes. C'est elle qui assure l'élaboration des sensations et des images, base du travail psychique (1). » Il n'y a pas à insister sur une vérité qui est reçue et familière à tout philosophe. Mais il importe de remarquer, contrairement à M. le Dr Grasset, que les neurones, même les plus supérieurs, ne suffisent pas à constituer le moi ou la conscience (2).

La sensation est l'acte le plus élémentaire de la vie sensible. On la retrouve partout, à tout instant, dans notre vie cérébrale. Comment aucun de nous pourrait-il en être privé, à moins d'être mort ? Comment surtout n'existerait-elle pas chez un sujet qui

---

1. Dr S. *Eléments de psychologie,* p. 93. Cf. *Le Sous-Moi.*
2. Dr S. *La Conscience* ; *La Volonté,* 5e éd.

présente des actes psychiques? *Qui peut le plus peut le moins.* Tout acte psychique repose nécessairement sur des sensations, y puise son origine. Ce n'est pas l'avis du D^r Grasset : « Chez une hystérique anesthésique des deux mains, écrit-il, les impressions centripètes peuvent, venues des mains, atteindre des neurones assez élevés pour lui permettre même des actes psychiques, d'automatisme supérieur. *Mais ces impressions ne provoquent pas de sensation, puisque le sujet n'en a pas conscience.* » Pour un auteur qui n'estime que les modernes, c'est reculer bien loin, c'est nous ramener aux barbares, à l'automatisme de Descartes!

Notre confrère est cependant raisonnable sur un point, et nous nous empressons de le féliciter. Il ne suit pas les psycho-physiciens dans leurs aberrations sur la *mesure de la sensation*. Il regarde cette sensation comme «un phénomène psychique absolument différent de sa cause *physique* ». Tout ce qu'il concède, c'est qu'on peut, *dans une certaine limite,* mesurer la sensation et déterminer ses rapports avec sa cause physique provocatrice.

Les sensations n'apparaissent pas d'ordinaire isolées. Elles sont toujours complexes. L'*image* résulte de l'association des sensations. Mais qu'est-ce au fond qu'une image? Bien avisé serait celui qui pourrait nous le dire. Notre confrère Grasset qui n'est pas philosophe, ne se hasarde pas à sonder cet énigmatique problème (1).

1. Voir plus loin Chap. XVII.

Quelles circonstances amènent la douleur ou le plaisir ? Pour que la sensation devienne agréable ou désagréable, *plaisante* ou *douloureuse*, il faut, selon M. Grasset, que le processus se complique et que l'impression s'étende à un plus grand nombre de neurones. Voilà une opinion aussi catégorique que nouvelle. Sur quelles preuves s'appuie-t-elle ? C'est ce que notre savant confrère néglige de nous dire.

Il continue : « Si les choses se compliquent et si le processus s'étend encore à d'autres centres neuroniques, la douleur devient *tristesse* ou le plaisir devient *joie*, la sensation devient *émotion*. Un des signes de cette extension de l'excitation à d'autres neurones, *caractère essentiel de l'émotion*, est l'apparition des troubles vaso-moteurs et en général de l'élément extra-psychique (physiologique des auteurs).

« Ces phénomènes physiologiques ont été très étudiés dans ces derniers temps : William James et Lange en ont même fait la base de leur théorie de l'émotion. Les faits sont à retenir : l'élément physiologique fait partie intégrante de l'émotion. La théorie est à discuter. En fait, personne ne nie l'élément psychique de l'émotion. Lange l'admet comme tout le monde, seulement il le déclare consécutif à l'élément physiologique, conséquence de l'élément physiologique, pour lui, c'est la conscience des troubles physiologiques qui est l'émotion. Je crois plus conorme à l'observation physiopathologique de prendre pour base l'élément psychique de la sensation et de sérier ainsi les complications successives de la sensation par généralisation, toujours plus grande, du processus et par participation d'un nombre croissant de centres neuroniques : sensation simple, sensation complexe (image), sensation avec douleur ou plaisir, sensation avec émotion (addition des phénomènes physiologiques).

« On pourrait décrire à la sensation un degré encore plus compliqué dans la *passion* : mais la complication est alors volitive, expressive; l'extension du processus s'est faite à des neurones psychiques *d'un autre ordre*. »

Voilà le mot que nous attendions depuis longtemps. La passion se rattache à des neurones d'un ordre spécial, nous dirions plus, à des organes nerveux spéciaux. Il est impossible de confondre les facultés *cognoscitives* et les facultés *affectives*, et il faut nécessairement les attribuer à des centres à part (1).

Ce point admis, et il semble que le D<sup>r</sup> Grasset s'y rallie, il est facile de se rendre compte des processus complexes de la vie encéphalique. Autrement, on s'y perd : comment comprendre le jeu diversifié des fonctions dans un même organe? Malheureusement notre auteur ne voit pas que la tristesse et la joie sont bel et bien des passions, que la douleur et le plaisir s'y ramènent également. Et dès lors il n'explique pas leur origine et leur développement. Comment tous ces mouvements *affectifs* pourraient-ils résulter d'un consensus même important des neuro-

1. Cf. D<sup>r</sup> S. *La Vie affective ; La Volonté.*

nes? Comment ces mêmes neurones pourraient-ils également servir à deux fonctions aussi différentes que la connaissance et l'affection? Comment leur complexus grandissant arriverait-il à donner successivement le plaisir et l'émotion? Aucune raison anatomique ou physiologique ne vient à l'appui de cette hypothèse.

Quant à la *théorie de Lange*, elle est justement repoussée par notre savant confrère de Montpellier. Toute séduisante qu'elle soit par sa simplicité, elle ne satisfait nullement l'esprit. On ne rougit pas parce qu'on a honte, mais on a honte *parce qu'on rougit;* on ne blémit pas *de colère,* mais on est en colère *parce qu'on blémit :* telle est la singulière thèse. Elle ne tient pas devant l'expérience. Elle s'adapte à tous les actes où nous laissons libre cours à la nature, mais ne rend pas raison de tous ceux où l'esprit exerce sa maîtrise, où la volonté arrête le développement de la passion *avant toute manifestation extérieure.* Ainsi nous pouvons librement maîtriser une colère naissante, concentrer un vif ressentiment, sans laisser se développer tous les phénomènes qui s'y rattachent *et en sont la conséquence physiologique :* rapidité du pouls, pâleur de la face, etc. Nous n'insistons pas sur une théorie que nous avons jugée ailleurs (1) et qui n'est au fond qu'un brillant paradoxe.

Notre confrère de Montpellier nous paraît englober dans les actes de perception et de représentation des

_______

1. *La Vie affective,* chap. X, p. 137.

mouvements sensibles qui n'en sont pas et relèvent nettement de la sensibilité affective : telles sont les émotions. Nous croyons avec le D<sup>r</sup> Courmont que cette sensibilité affective a un centre spécial, qu'elle a pour organe le cervelet. Mais la science *officielle* n'accepte pas une telle localisation et le D<sup>r</sup> Grasset se garde de la contredire. L'avenir nous départagera.

Notre auteur n'hésite pas à admettre divers types physiologiques suivant la force de la sensibilité et de l'émotivité. « Quoiqu'il ne soit plus permis, écrit-il avec humour, sous peine d'excommunication majeure, de parler, en psychologie moderne, de *facultés,* de *force,* de *principe,* de *substratum* et qu'il faille uniquement dire *fonctions* ou *actes,* il n'en est pas moins indispensable d'étudier le *sujet,* ses aptitudes... Tous les sujets ne sont pas égaux en sensibilité psychique, en émotivité. Il est indispensable d'envisager et de séparer des types physiologiques. » Et le D<sup>r</sup> Grasset admet avec Malapert quatre types : les *apathiques,* les *sensibles,* les *émotifs,* les *passionnés.* Cette division est artificielle, littéraire et peu pratique. Notre confrère ne s'y rallie pas absolument, puisqu'il voit dans les passionnés un type complexe « pas exclusivement sensitif ». Il est probable qu'il accepterait plutôt la division par nous proposée des *caractères* en trois grandes catégories : les *concentrés,* les *expansifs* et les *apathiques* (1).

Arrivant à la pathologie, le professeur Grasset

---

1. Cf. D<sup>r</sup> S. *Le Sous-Moi* ; *La Volonté.*

signale d'abord les *anesthésies psychiques*, fréquentes chez les hystériques, « qui expriment l'affaiblissement ou l'abolition de la fonction centrale de sensation ». Qu'est-ce qui distingue ces anesthésies des anesthésies ordinaires (sensitives ou sensorielles), par l'altération des nerfs périphériques et des anesthésies tout à fait supérieures et plus complexes que l'on appelle *agnosies*? « Dans les anesthésies psychiques, dit notre confrère, l'impression centripète arrive jusqu'aux centres du psychisme inférieur, mais n'arrive pas jusqu'aux centres de perception consciente, *ne provoque donc pas de sensation.* » Arrêtons-nous ici pour admirer comme la *théorie du polygone* est précieuse pour suppléer au sens philosophique et expliquer les moindres détails du fonctionnement cérébral. « Dans les autres anesthésies (périphériques), l'impression centripète s'arrête encore plus tôt à un étage inférieur de neurones plus ou moins bas placé, suivant le siège de l'altération; en tous cas, elle n'arrive pas jusqu'aux centres du psychisme inférieur. Quant aux agnosies, ce ne sont pas des anesthésies : les impressions arrivent aux centres conscients et provoquent la sensation, mais elles ne s'associent pas aux autres actes corticaux pour produire le *jugement de reconnaissance* des objets. » Inutile d'ajouter que ces vues ne reposent sur aucun fait expérimental. Ce sont de brillantes hypothèses.

Le D<sup>r</sup> Grasset note d'abord *l'indifférence et l'insensibilité partielles et conscientes*, puis *l'indifférence et l'insensibilité totales.* Ce dernier état est spécial aux démences. « Il ne faut pas, dans ces cas, observe notre auteur, se laisser abuser par des crises de pleurs ou de rire, qui ne sont plus des manifestations d'une émotion vraie, qui sont simplement des crises convulsives de certains centres bien connus aujourd'hui de la région optostriée. » C'est bien ; mais qui nous dira la cause profonde de la démence ? On ne connaît pas plus la base *pathologique* de la folie que la base *physiologique* de la raison (1). N'est-ce pas cruel pour l'orgueil humain ?

« *L'angoisse,* continue le professeur de Montpellier, est vraiment l'*émotion maladive.* Pour une cause quelconque (le plus souvent faiblesse du sujet sentant), l'impression émotive se communique à un plus grand nombre de centres neuroniques qu'à l'état normal ; aux phénomènes physiologiques habituels de l'émotion s'en ajoutent d'autres plus intenses et plus graves : troubles de la respiration notamment ; l'élément psychologique s'en aggrave et l'angoisse est constituée.

« La sensation provocatrice de l'angoisse peut d'ailleurs être endogène ou exogène, normale ou pathologique. Toutes les émotions peuvent se compliquer d'angoisse ; la chose est plus fréquente pour la peur, qui devient alors la phobie. L'angoisse peut compliquer le souvenir du passé (scrupules, remords, angoisse rétrospective), la conscience du présent (angoisse de son état physique ou moral) ou l'indécision de l'avenir (attente anxieuse). »

1. D<r> S. *La Raison.* Sueur.

Il y a lieu d'admirer comme, avec de faibles moyens, M. le D^r Grasset arrive à solutionner les plus difficiles problèmes. Pourquoi l'angoisse vient-elle compliquer le souvenir du passé, la conscience du présent, la préoccupation de l'avenir ? Tout simplement parce que l'impression émotive *a gagné un plus grand nombre de neurones*. Ne demandez ni de plus amples explications, ni de meilleures preuves. Voilà pourquoi... votre fille est muette !

Que de savants maîtres, comme Pitres et Régis, aient admirablement étudié cette *émotivité diffuse* qui éclate par crises plus ou moins intensives, nous l'admettons. Mais ils n'en ont pas trouvé la cause organique profonde, ils se sont bornés à décrire de vulgaires symptômes. Et s'ils se rallient à la théorie de Lange pour l'expliquer, c'est parce qu'elle cadre mieux avec les faits cliniques. Mais quelle distance de l'état morbide à l'état sain ! Il est incontestable qu'*en faisant abstraction des facultés spirituelles et surtout de la volonté*, cette théorie paraît acceptable. Dans les maladies cérébrales, dans l'aliénation, tout est livré à l'inconscience : la raison a misérablement sombré. Les troubles encéphaliques peuvent très bien susciter des émotions factices morbides. De là à dire que la fameuse théorie s'applique à l'homme sain et normal, il y a un abîme. Jamais la pathologie ne fournira la clef de la physiologie ; jamais la psychologie ne trouvera son explication et sa mesure dans l'étude de la folie. Les examens de malades peuvent donner de grands éclaircissements sur la physiologie des bien portants, *à condition qu'on connaisse déjà la constitution et le jeu des organes*. De même l'observation des aliénés est fructueuse, utile à la science de l'esprit, *à condition qu'on soit déjà fixé sur les opérations normales de l'âme, sur ses différentes facultés*. Or, nous n'en sommes pas là. Quels progrès la psychologie a-t-elle tirés des nombreux travaux des aliénistes? Il serait facile d'en faire le compte et de voir que trop souvent nos maîtres les ont retardés par leur philosophie incomplète ou fausse.

En abordant le second paragraphe de la première section qui se rapporte à la *perception et à la formation de l'idée,* nous allons au-devant de nouvelles surprises. Répétons-le pour qu'il n'y ait pas méprise, M. le professeur Grasset entend se maintenir strictement sur le terrain physiologique.

Il s'agit du *passage de la sensation à l'idée,* gros problème qui passionne et divise les philosophes, mais n'embarrasse pas notre auteur. « La sensation, écrit-il, fait naître l'idée. *Pour cela l'impression centripète* qui a produit la sensation, l'image, la douleur ou le plaisir *dans certains groupes de neurones, s'étend à des groupes voisins, dans lesquels l'idée prend naissance.* J'entends ici le passage simple, direct, de la sensation ou de l'image à l'idée, sans intervention propre des centres, sans jugement. C'est l'idée de l'objet, de la cause extérieure ou intérieure de l'impression qui a produit la sensation. » Il y a donc, d'après notre confrère, deux espèces de neurones ou cellules nerveuses, les neurones *à sensations* et les neurones *d'idées*. Cette conception de *cellules intellectuelles* n'est pas nouvelle : elle a fait fureur autrefois. Nous la croyions morte, M. Grasset la ressuscite : pense-t-il servir ainsi le spiritualisme qui lui est cher ? En tout cas, il trahit la vérité et dessert la science qui n'a jamais fait fond sur de pareilles billevesées.

Notre auteur étudie la question de *l'acte conscient ou inconscient*. Un point important à noter, dit-il, est que l'impression centripète peut faire naître l'idée *avant de produire la sensation et sans produire la sensation*. Il y a des neurones susceptibles de fonction psychique et d'idéation au-dessous des neurones supérieurs des phénomènes conscients. Si l'impression centripète s'arrête à ces premiers neurones psychiques et les met en activité sans arriver à la conscience, *il n'y a pas formation de sensation, mais il y a formation d'idée*.

« Cette idée, née dans le psychisme inférieur, est inconsciente, mais elle se grave dans la mémoire de ce psychisme inférieur et elle peut découvrir sa présence ultérieurement, soit en se révélant à un moment donné au psychisme conscient et en devenant ainsi consciente, soit en devenant le point de départ inconscient de certains actes ultérieurs, connus par la conscience. »

Notre psychisme est insuffisant et vraiment inférieur : il n'arrive pas à voir clairement l'idée de notre confrère, à démêler l'écheveau de ses conceptions.

Comment cette idée peut-elle naître *en dehors et sans
le secours de la sensation ?* Comment cette idée peut-
elle être inconsciente ? Comment une impression
arrive-t-elle à créer la pensée dans l'inconscience ?
L'esprit se perd à de telles considérations. Ah ! nous
sommes loin du temps où l'École enseignait que la
sensation est la *condition* de l'intelligence et qu'on
ne pense pas sans images ! La science a renouvelé
la philosophie : est-ce à son avantage et au nôtre ?

La facilité et la rapidité du passage de la sensation
à l'idée sont variables, et d'après elles se constituent
divers types physiologiques. « Chez certains sujets
(*sensitifs*), écrit le D<sup>r</sup> Grasset, le passage à l'idée se
fait lentement, mal, incomplètement ou pas : ils associent surtout des sensations et *pensent avec des
images*. Chez d'autres, *intellectuels,* le passage à
l'idée se fait rapidement ; l'image est immédiatement
remplacée par l'idée ; ils ne raisonnent qu'avec et
sur les idées. » Nous pourrions chicaner notre confrère sur cette grave question : *Pense-t-on sans images ?*
Elle a été récemment abordée par Binet qui s'est montré *plus royaliste que le roi,* plus scolastique que
personne en concluant par l'affirmative. Nous souhai-
tons que M. Grasset se rapproche du sentiment du
professeur de Sorbonne qui revient de loin. Mais re-
noncera-t-il à ses neurones d'idées ou plutôt à ses
idées de neurones... intellectuels ?

Le troisième paragraphe de la première section a
trait aux *degrés du psychisme récepteur*. On connaît
la théorie de notre confrère sur les deux psychis-

mes : nous n'y reviendrons pas (1). Il reconnaît que tous les auteurs ne se rendent pas, que la plupart sont opposés. « *Avec ou sans mon schéma*, écrit-il, il ne faut pas définir le psychique par le conscient. On ne doit pas dire avec Toulouse, Vaschide et Pieron que « la psychologie est la source des phénomènes de conscience » ni « qu'un phénomène psychique est un phénomène physiologique, avec, en plus, la conscience ». Il y a des phénomènes psychiques inconscients et il faut diviser les actes psychiques en psychiques conscients ou supérieurs (O) et psychiques inconscients ou inférieurs (polygonaux). » Nous l'avons dit souvent, ce malheureux mot *psychique* est pris dans des acceptions si diverses que tout le monde s'y perd : il serait avantageux d'y renoncer.

Il le serait moins de renoncer à la définition du D^r Toulouse qui est la bonne. M. Grasset fera difficilement admettre que la psychologie est la *science de l'inconscience*. Pourquoi rompre ainsi en visière avec la tradition et le sens commun ? Tout le monde sait bien que la science de l'âme appartient à la psychologie et qu'elle n'a qu'un instrument, l'introspection ou la conscience.

La seconde section, consacrée aux actes de réflexion et d'élaboration intellectuelle se subdivise en cinq paragraphes : 1° attention ; 2° mémoire ; 3° association des idées et des images ; 4° imagination ; 5° comparaison, jugement, raisonnement.

1. D^r S. *L'Ame et le Cerveau.*

*Attention.* — Nous nous plaisons à féliciter M. le professeur Grasset de ce chapitre : c'est un des meilleurs de son travail. S'il n'élucide pas la cause profonde, le *substratum* organique de l'attention, il met en relief sa nature propre de *phénomène actif*, distinct de la connaissance sensible. Nous lui laissons volontiers la plume. « Dans tous les actes précédents, écrit-il, les centres psychiques étaient relativement *passifs* : ils recevaient la sensation, éprouvaient l'émotion, percevaient l'idée. Dans l'*attention*, au contraire, ils agissent, interviennent, sont *actifs*. Si l'on fait attention à une sensation, à une émotion ou à une idée, c'est qu'on la reçoit, qu'on l'éprouve ou qu'on la perçoit *activement*. C'est cette activité propre des neurones du sujet qui embarrasse certains philosophes et spécialement l'école anglaise du xixᵉ siècle, au dire de William James. C'est cette activité que niait Condillac quand il disait : « Une sensation devient attention, soit parce qu'elle est seule, soit parce qu'elle est plus vive que les autres. » C'est une erreur : une sensation ne *devient* pas attention, elle *provoque* l'attention. La meilleure des preuves, c'est que la maladie peut diminuer ou supprimer la fonction attention sans modifier en rien la fonction sensation. Sensation et attention sont des actes psychiques d'ordre différent. Les centres psychiques font attention à telle ou telle sensation qui en est modifiée, accrue. Mais l'acte psychique de l'attention est différent du processus passif de la sensation, et l'un ne peut pas se transformer dans l'autre. » On ne saurait mieux dire.

6

Et nous sommes heureux de constater que le D⟨r⟩ Grasset se sépare absolument du sensualisme et de l'enseignement officiel en marquant ainsi le caractère *irréductible* de l'attention. Mais poursuivons son intéressant exposé :

« Il faut même admettre qu'il y a des neurones différents qui entrent en jeu quand le sujet fait attention à une sensation et quand il la reçoit passivement, puisqu'en clinique on peut voir certaines altérations faire disparaître l'une de ces fonctions et pas l'autre.

« L'attention est l'adaptation, l'*accommodation* du psychisme à ses fonctions de réception et de représentation. C'est à l'acte de sentir, d'éprouver ou de percevoir ce que l'acte de regarder, écouter, palper, flairer, déguster est à l'acte de voir, entendre, toucher, sentir, goûter. Ou, si l'on préfère, à chaque appareil nerveux est attachée une fonction d'attention (attention visuelle, auditive...). Ici je ne m'occupe que de l'attention en général, c'est-à-dire l'*attention psychique*.

« L'attention peut se porter aussi, non plus sur les actes psychiques du premier groupe que nous connaissons (sensation, émotion, représentation), mais aussi sur les actes psychiques que nous étudierons (mémoire, association, imagination, jugement). Elle est alors une fonction *régulatrice* de ces autres actes psychiques. D'où la distinction des auteurs de l'attention sensorielle et de l'attention intellectuelle, suivant son objet.

« Habituellement, c'est l'ensemble des centres psychiques qui fait attention, mais chacun des deux grands groupes de centres psychiques peut être attentif de son côté, isolément et à un objet différent. Ainsi dans la distraction : Archimède faisait attention avec son polygone aux obstacles de la route qu'il évitait, et avec son O à son problème et à sa solution. Pierre Janet analyse très bien ces deux attentions : l'attention automatique (spontanée de Ribot), qui est mon attention polygonale et l'attention *volontaire* qui est l'attention de O. »

C'est la première fois que nous rencontrons le terme de *volontaire* sous la plume du professeur Grasset et nous le relevons, car c'est le nœud de la question. L'existence du *polygone* ou même de O nous importe peu ici, quelque chère qu'elle soit au cœur du maître. Celle de la *volonté* au contraire est capitale pour éclairer le problème psychique et rendre raison de l'attention. Notre savant confrère de Montpellier s'en doute-t-il ? Tout à sa thèse, il affirme que l'attention *volontaire* est l'attention de O. Ah ! le bon billet ! Est-ce que la question est ainsi élucidée ? Est-ce que nous tenons seulement par là la localisation de la volonté ? Nullement, puisque M. Grasset ignore *où siège O.* Mieux vaudrait avouer simplement son impuissance et revenir au solide terrain des faits, à la vieille psychologie.

La volonté est une faculté propre à l'homme tout comme l'intelligence. Quelle en est la condition organique ? Quelle en est la base encéphalique ? Voilà la grosse question qui se pose. Nous avons cherché à la résoudre autrefois (1) et nous demandons à en poser ici les termes.

Deux facultés maîtresses se partagent la vie psychique de l'homme : *l'esprit* et la *volonté*, la faculté qui connaît et *qui pense*, la faculté qui aime et *qui veut*. Chacune d'elles réclame un *substratum* physiologique. L'intelligence a besoin de l'organe sensitif et imaginatif qu'est le cerveau. Mais de même que cette intelligence est inséparable de la sensibilité commune, de même la volonté se lie nécessairement à l'appétit sensible. On ne pense pas sans image, on ne veut pas sans l'aide de la passion ou de l'appétit. L'imagination fournit à l'intellect les moyens de comprendre, la passion apporte à la volonté ses mobiles ou plutôt son stimulant. C'est ce que la philosophie traditionnelle n'a cessé d'enseigner et ce qui l'a conduite à qualifier la volonté du nom d'*appétit raisonnable*.

Il y a donc dans l'homme deux ordres distincts de facultés : les facultés *cognoscitives* et les facultés *appétitives*. Et il y a deux sortes d'appétits comme il y a deux sortes de connaissances : l'appétit sensible et l'appétit intellectuel ou raisonnable. Ce dernier est proprement la *volonté*. Les appétits sensibles servent la volonté, comme l'imagination sert l'intelligence, et de ce commerce intime et nécessaire naît la vie psycho-sensible.

Qu'est-ce que l'attention ? C'est une fonction du

---

1. *La Volonté*, 1<sup>re</sup> éd. 1894, 6<sup>e</sup> éd. 1912; *La Vie affective*, 1900.

*composé*. On peut la définir : l'application de la *volonté*. C'est sa forme simple, commune, qu'on retrouve dans tous les faits de conscience. Et dès lors il est clair que cette attention se base sur les appétits sensibles et non sur la connaissance. Son instrument ne doit pas être cherché dans les organes de la vie cognoscitive, dans les centres sensitifs de l'écorce cérébrale, mais dans l'organe — quel qu'il soit — de la vie affective.

Nous soumettons ces données à M. le Dʳ Grasset, et nous le prions d'en tenir compte malgré sa répugnance à sortir du terrain *physiologique*. On n'aborde pas la cérébrologie sans toucher aux plus délicats problèmes de la psychologie, et l'animisme s'impose quand même. La volonté est certes une faculté spirituelle, mais elle a comme l'intelligence, ses conditions organiques inéluctables. Nous ne faisons pas difficulté d'admettre que la volonté est inséparable de la sensibilité affective, de même que l'intelligence ne va pas sans la sensibilité cognoscitive. On ne pense pas, on ne veut pas *sans encéphale :* c'est incontestable.

Pourquoi M. Grasset, tenté par l'intérêt palpitant du problème, n'irait-il pas plus loin et ne chercherait-il pas à délimiter la part respective des facultés appétitives et cognoscitives dans les faits psychiques ? C'est notre espérance. Il a déjà très bien marqué que les centres de l'attention et les centres de la sensation sont séparés, spéciaux ; mais, en faisant cette distinction, il vient après beaucoup d'autres, après nous-même. Il reconnaît encore que l'attention se porte à son gré sur les différents centres cérébraux, et il ne tire pas la conclusion évidente, nécessaire : qu'elle a son siège *ailleurs*, dans un autre organe de l'encéphale.

Cette prudente réserve du maître s'explique sans doute par l'orientation de la science *officielle* tout inféodée au matérialisme ; mais, puisque notre confrère de Montpellier rompt en visière avec le sensualisme, il pourrait du même coup se libérer des vaines entraves de l'enseignement commun. L'Ecole distingue à peine l'attention et la confond le plus souvent avec les facultés cognoscitives : elle localise toutes les facultés psychiques, la volonté comme l'intelligence, dans le *seul* cerveau. S'il y a des maîtres pour admettre des cellules ou des neurones *volontaires*, il y en a d'autres pour imaginer des cellules *idéo-motrices*, où toutes les facultés se centralisent confusément. C'est un lamentable chaos de conceptions déraisonnables ; et M. le professeur Grasset rendrait un gros service à la science en y portant l'ordre et la lumière.

Pour notre compte, nous sommes persuadé depuis longtemps que l'appétit sensible est localisé dans le cervelet, et que c'est là le siège organique de l'attention. On trouvera ailleurs notre hypothèse sur le cervelet (1). Nous n'y tenons pas absolument, pas plus certes que M. Grasset à son *schéma*. Mais nous

---

1. D<sup>r</sup> S. *La Vie affective* ; *La Volonté.*

appelons de tous nos vœux le jour où les savants se décideront à chercher dans l'encéphale la base de l'attention.

M. le professeur Grasset admet divers types physiologiques suivant la force, l'étendue et la rapidité de fatigue de l'attention (générale ou partielle) mais son classement paraît artificiel et fantaisiste. « Les *attentifs généraux*, dit-il, sont les sujets observateurs, curieux, analystes, enregistreurs... Les *inattentifs généraux* sont les sujets distraits, légers, peu observateurs, superficiels, imaginatifs... Les *attentifs polygonaux* sont les sujets pratiques, méticuleux de la vie automatique, rangés, classeurs, collectionneurs... Les *attentifs supérieurs* sont les sujets méditatifs, abstraits, philosophiques, religieux... Ces deux derniers types sont des attentifs *partiels* et, en général, ces attentifs d'un psychisme sont inattentifs de l'autre. » Ces distinctions sont théoriques et trop absolues pour être vraies, leur utilité pratique est douteuse. Nous croyons avec notre confrère que « trois éléments doivent être pris en considération : 1ᵉ la *force* de l'attention, c'est-à-dire la force de résistance que le sujet attentif oppose aux causes de distraction ; 2ᵉ l'*étendue* de l'attention, c'est-à-dire la possibilité pour le sujet de fixer son attention simultanément ou successivement et très rapidement sur un plus ou moins grand nombre d'objets différents ; 3ᵉ la *rapidité* plus ou moins grande avec laquelle l'attention se fatigue ». Mais ces divers éléments ne sont pas toujours les mêmes chez un individu donné :

leurs variations dépendent de plusieurs causes physiologiques (ou pathologiques) qui sont loin d'être connues.

La pathologie de l'attention est encore plus obscure et moins fixée que sa physiologie. Aussi M. Grasset ne s'y arrête guère. Il signale l'*aprosexie* ou manque d'attention « qui peut aller jusqu'à l'impossibilité de concentrer son attention sur n'importe quoi et constitue un élément capital de beaucoup d'états mentaux depuis l'ivresse jusqu'à l'imbécillité et l'idiotie. Il faut d'ailleurs distinguer l'aprosexie vraie, trouble direct de l'attention, que l'on observe notamment chez les hystériques et les psychasthéniques, de la fausse aprosexie que l'on observe chez les distraits (obsédés dont l'attention existe, forte, mais concentrée sur une idée maladive), chez les alcooliques qui peuvent, mais ne veulent pas faire attention. »

Il est regrettable que le D$^r$ Grasset n'ait pas insisté davantage sur le symptôme caractéristique de toutes les maladies mentales : c'est précisément l'aprosexie. Les fous sont incapables d'attention, sans volonté ; de même les idiots, les imbéciles (1). Tous les auteurs l'ont reconnu ; le plus récent, le D$^r$ Sollier déclare nettement que l'idiotie tient au défaut d'attention. Malheureusement il ne tire pas de cette vérité tout le parti souhaitable, par suite de ses faibles notions de philosophie. Il combat l'opinion très fondée de Séguin qui regarde l'idiotie comme liée à une lésion

1. Cf. D$^r$ S. *La Folie ; La Volonté.*

fondamentale de la volonté. Pourquoi? Parce qu' « on
ne peut concevoir la volonté indépendamment du
fonctionnement général du cerveau ». Et notre docte
confrère ajoute gravement : « En vérité, c'est une
*étrange vhilosophie* que de considérer la volonté
comme une chose distincte du reste de l'intelligence. » Plus d'un lecteur trouvera que ce qui est
étrange ce n'est pas la philosophie, *mais le philosophe.*

Tous les neurologistes heureusement n'en sont pas
là, et nous avons vu que le D^r Grasset a très nettement fait la distinction de la volonté et de l'intelligence. Espérons qu'il complétera son œuvre en rat-
tachant tous les troubles mentaux à leur racine, en
montrant dans l'aliénation une lésion initiale de la
volonté ou plus exactement de l'organe encéphalique
qui lui sert de base. Peu nous importe, répétons-le,
que cet organe soit ou non le cervelet. L'important
est que la science se préoccupe de le déterminer et
sorte de l'ornière où nous nous débattons depuis si
longtemps.

*Mémoire.* — Voilà une fonction sensible qui se
trouve localisée au lobe temporo-pariétal gauche depuis les mémorables travaux du professeur Pierre
Marie. La découverte date de 1906, et le professeur
Grasset ne pouvait pas la prévoir en écrivant son livre en 1904. Mais elle n'était pas faite pour le décon-
certer. Le savant maître a toujours regardé la mémoire comme une fonction nerveuse qui relève des
centres encéphaliques, *et qui ne relève que d'eux.* Il

a raison d'y voir une fonction *psychique* (lisez *sensible*) et de protester contre les novateurs qui voudraient attribuer la mémoire aux moindres organes, aux fibres, aux cellules, voire aux protozoaires ; mais pourquoi ne donne-t-il en référence que les ouvrages de ces novateurs, les livres des matérialistes ? Nombre de penseurs indépendants, spiritualistes ont étudié le sujet, sans l'épuiser ; et leur contribution ne nous paraît pas négligeable. N'ont-ils pas le précieux avantage d'êtres clairs et logiques ? C'est quelque chose à une époque comme la nôtre. Notre auteur l'avoue. « Certains esprits, écrit-il, oubliant que l'*analogie* n'est pas l'*identité*, ont étendu et modifié le sens des mots, rendant ainsi le langage inintelligible. Charles Richet décrit comme une sorte de *mémoire élémentaire* la persistance de l'excitabilité, après une excitation dans la moelle de la grenouille. Sollier a comparé les neurones qui se souviennent à la fibre musculaire qui, après chaque excitation, devient plus apte à l'action, et même au barreau aimanté qui fixe son aimantation et l'évoque toutes les fois qu'il se retrouve en présence de la limaille de fer. De même pour van Biervliet, « toutes les parties solides ou semi-solides de l'organisme retiennent aussi bien, peut-être mieux, que l'écorce cérébrale ». Il montre la mémoire du rachis ; «les germes se souviennent..., la mémoire est répandue dans tout notre corps ». M. le professeur Grasset n'accepte pas ces extravagances. Remarquons qu'elles ne sont pas isolées, que la plupart des médecins les professent, que les maîtres de nos écoles leur sont favorables. Le professeur Renaut, de Lyon, d'ordinaire mieux inspiré, déclare que « le neurone est une cellule avant tout sensible *et qui se souvient* ». D'autres vont répétant que la mémoire s'explique *mécaniquement* par le rapprochement des extrémités, des prolongements des neurones tout comme les merveilles de la télégraphie sans fil s'expliquent par le déplacement des molécules dans les *tubes à limaille* du D^r Branly. De telles comparaisons, de tels rapprochements sont enfantins. Comparaison n'est pas raison. Et, comme l'observe judicieusement le D^r Grasset, il faut se garder des analogies trompeuses.

La mémoire est un ensemble d'actes psychiques. Ils se divisent en actes de fixation et en actes de reproduction. « La fixation comprend la pénétration et la conservation de l'image ou de l'idée : c'est la constitution du souvenir *latent*. La *reproduction* ou *recollection* comprend l'*évocation* et la *représentation* actuelle de ce souvenir emmagasiné. Avec raison, van Biervliet distingue deux sortes de reproductions : il y a rappeler et se rappeler. »

La mémoire est une fonction psycho-sensible spéciale qu'on ne saurait confondre avec la conscience. Les *amnésiques* se rendent très bien compte de leur état d'âme. Et M. le D^r Grasset combat justement, comme trop étroite, la définition que donne Sergi : la mémoire est la reviviscence des *états de conscience*. Beaucoup de sensations que nous recevons dans l'inconscience ou la subconscience sont recueillies par la mémoire qui a la vertu de les revivifier à l'occasion, c'est incontestable, mais qui le plus souvent ne les évoque pas. En dépit de la multiplicité des souvenirs, l'unité de la mémoire n'en reste pas moins entière ; et nous ne voyons aucun avantage à admettre avec M. le D' Grasset l'existence de *deux* mémoires : une mémoire des actes inconscients ou polygonale et une mémoire des actes psychiques conscients ou supérieurs.

Ce dualisme qu'exige la théorie de notre confrère n'existe pas. L'introspection nous affirme nettement qu'il n'y a qu'*une* mémoire dont les éléments sont surtout puisés dans le vaste et inépuisable domaine de l'inconscient ; mais elle montre aussi dans les facultés spirituelles le maître incontestable, le guide merveilleux de la fonction sensible. C'est par un effort de volonté que nous dirigeons les mouvements de la sensibilité et que nous retrouvons une chose *oubliée,* un mot *perdu.* Il est bon de faire la part de l'inconscient dans notre vie psychique, mais il ne faut pas méconnaître celle de la conscience et de la volonté (1).

M. Grasset lui-même doit se rendre à l'évidence : il n'y a normalement qu'*une* mémoire. « A l'état physiologique, écrit-il, les mémoires *se confondent en quelque sorte* comme ressources et comme résultats. O, à l'état de veille normale, puise dans toutes ces mémoires, sans distinguer toujours l'origine des diverses impressions et conceptions qu'il reçoit ainsi. »

1. D' S. *La Volonté ; La Mémoire.*

Mais tout change, ajoute notre confrère, dans les états de désagrégation suspolygonale (nous dirions plutôt encéphalique).

« Dans l'hypnose, les impressions (images, ordres) s'accumulent dans la seule mémoire polygonale. Au réveil,O les ignore. Mais toutes les fois que le même état second de désagrégation se reproduit, soit provoqué (nouvelle hypnose), soit spontané (exécution des suggestions à distance), le souvenir polygonal reparaît. De même,certains sujets ont, dans le sommeil naturel, des rêves qu'ils ont oubliés au réveil et qu'ils retrouvent dans un autre sommeil,naturel ou provoqué. Maury et Meyers ont même montré qu'on peut retrouver dans le sommeil des impressions déposées dans le polygone à l'insu de O, dans une période de distraction : ce qui donne à ces rêves une apparence divinatoire. »

Et M. le professeur Grasset s'écrie triomphalement : « Voilà une série d'exemples qui prouvent l'existence de la mémoire polygonale et montrent son fonctionnement à l'insu de O. » C'est aller un peu vite. Ce qui est établi, ce n'est pas *la mémoire polygonale*, c'est la désagrégation des centres encéphaliques. Cette désagrégation *qui n'a rien d'anormal à l'état vigil*, survient dans l'hypnose comme dans le sommeil naturel. A quoi tient-elle ? C'est là le grand problème. Nous l'avons abordé dans son ampleur et, si nous ne l'avons pas entièrement résolu, nous avons conscience d'avoir présenté une théorie physiologique et rationnelle.Bornons-nous à en rappeler ici les grandes lignes.

Le sommeil se caractérise à la fois par la suspension de l'attention et l'arrêt de la vie affective. Pourquoi n'en pas chercher la cause intime dans l'inhibition de l'organe encéphalique qui est la base organique des appétits, le *substratum* de la volonté ? L'inertie volontaire et affective qui se produit périodiquement toutes les nuits serait cause du sommeil, et les rêves s'expliqueraient facilement par le jeu désordonné et inconscient du cerveau abandonné à lui-même (1).

L'hypnose, qui n'est qu'un sommeil nerveux, cesse d'être un mystère avec notre thèse. Elle suppose une désagrégation des organes encéphaliques analogue à celle qui survient dans le sommeil naturel. Livré aux suggestions du dehors, le cerveau n'est plus capable que d'un automatisme aussi parfait qu'inconscient.

Quel qu'il soit, l'organe de la vie affective ne saurait être le même que celui de la vie cognoscitive. C'est de leur collaboration que naît la vie consciente et vigile. La rupture de leur consensus suffit à créer le sommeil comme l'état singulier de l'hypnose. Ainsi s'expliquent très bien les faits de *cérébration inconsciente* qui autrement restent déconcertants, l'automatisme psycho-sensible et jusqu'au prétendu *dédoublement de la personnalité* qui n'est que la rupture entre le conscient et l'inconscient, entre le *moi* et le *sous-moi* (2).

Mais il faut toujours admettre plusieurs centres distincts, capables d'une action séparée dans le fonc-

1. Dʳ S. *Le Sommeil*, 1893 ; *La Volonté*.
2. Dʳ S. *Le Sous-Moi*.

tionnement encéphalique. Il est impossible de tout
expliquer par le *seul* cerveau comme le prétend l'école
*officielle,* et avec elle le D' Grasset. L'intervention de
*tout l'encéphale* s'impose au jeu de la vie psycho-sensible. Notre confrère de Montpellier ne voit pas cette
nécessité. Par contre il se cantonne obstinément dans
sa fameuse théorie. Or, il ne saurait établir scientifiquement, preuves en mains, que le cerveau se scinde
en deux parties : le polygone et le centre O. S'il a fixé
théoriquement, et arbitrairement, la topographie du
premier, il est incapable de dire où siège O. Sans
doute il serait désireux de le localiser dans les lobes
frontaux, mais, nous l'avons amplement démontré (1),
il ne peut s'appuyer sur les faits. La vérité est que le
cerveau est absolument *un* dans le jeu diversifié de
ses centres. La synergie de toutes ses parties est
incontestable : elle est telle que le pont (corps calleux)
unissant les deux hémisphères et ne comprenant que
des fibres présente une importance fonctionnelle
égale à celle de ses principaux lobes. Toute l'écorce
est le siège des différentes fonctions sensibles qui
s'exercent conjointement et solidairement et servent
de base aux facultés spirituelles.

M. le professeur Grasset admet plusieurs types physiologiques suivant la force de la mémoire en général ou d'une mémoire particulière « L'un a beaucoup
de mémoire, l'autre peu. L'un a surtout de la mémoire
de pénétration (mémoire *facile*), un autre a plutôt de

---

1. D' S. *L'Ame et le Cerveau.*

la mémoire de conservation (mémoire *fidèle*, sûre), un troisième a plutôt la mémoire de reproduction (mémoire *présente*). Les sujets se divisent aussi suivant la nature des images ou des idées qu'ils se rappellent plus facilement : il y a les visuels, les auditifs, les abstraits. » L'étude de la mémoire est à peine commencée, et il serait prématuré de conclure. Nous connaissons les travaux méticuleux d'analyse qui ont été faits de nos jours, et nous n'en exagérons pas l'importance. Le cerveau est un organe de synthèse : et nous estimons qu'on l'a trop oublié dans ces études de détails. La généralité des hommes use également des centres auditifs et visuels pour parvenir à la connaissance, pour penser, parler et écrire. Il y a certainement peu d'individus qui répondent aux descriptions systématiques de nos auteurs : des *visuels* purs, des *auditifs* purs sont de véritables exceptions. Pourquoi s'y arrêter avec complaisance et en faire des *types physiologiques?* Les théories passent, les faits seuls demeurent et font la science.

*Association des idées et des images.* — L'activité neuronique (nous dirons plutôt psychique) s'affirme de plus en plus à mesure que nous nous élevons dans l'étude du fonctionnement encéphalique. M. le D#r Grasset a raison d'invoquer ici notre personnalité, il a tort de l'incarner dans les neurones. « Les idées et les images, écrit-il, ne s'évoquent pas l'une l'autre *dans des centres passifs ;* provoqués par une idée ou une image nouvelle, les centres évoquent dans la mémoire des souvenirs ayant des rapports

avec l'impression provocatrice ; ce sont les centres
qui associent, comme ce sont les centres *qui font
attention* et qui se souviennent. La meilleure des preuves en est le rôle que joue la nature propre du sujet
dans cette association, soit à l'état normal, soit à
l'état pathologique. Seule, la sensation est en quelque sorte fatale, étant donnée sa cause provocatrice ;
elle est à peu près la même pour tous les sujets et
on lui étudie des lois mathématiques. La note personnelle intervient au contraire et modifie le phénomène, même dans l'émotion et dans la perception.
Pour que la sensation produise l'émotion ou l'idée, il
faut que divers neurones associent leur activité et,
dès lors, dès qu'il y a association d'actions neuroniques, la note d'activité personnelle des centres apparaît... Cette notion, imposée par l'expérience de l'intervention active propre des neurones du sujet dans
l'association, n'empêche pas la recherche et l'étude
des *lois* de cette association. Ces lois sont les *raisons* qu'ont les neurones de faire telle association
plutôt que telle autre. » Nous n'avons pas à signaler
ici la *simplicité* des explications du maître, mais nous
tenons à relever leur invraisemblance. Les neurones
cérébraux ne font pas attention, ne pensent pas, ne
veulent pas, ne raisonnent pas. Leur rôle est purement sensible, il n'en est que plus important, il n'est
pas contestable dans l'association des images. Mais
celui de l'esprit ne l'est pas moins, et il faudrait en
tenir compte. Nos facultés spirituelles gouvernent le
monde des images et s'en servent pour associer les

idées et former le raisonnement. C'est une vérité d'expérience, dirons-nous comme le D$^r$ Grasset, mais qui ne nous vient pas par la voie des laboratoires : elle nous est fournie par l'introspection.

Tous les philosophes admettent depuis Aristote que l'association d'idées s'opère au moyen de la ressemblance ou du contraste, ou de la contiguïté (dans l'espace et dans le temps). Comme le contraste est l'opposé de la ressemblance, il n'y a en réalité que deux éléments d'association : la ressemblance et la contiguïté. Un auteur moderne, Höffding, admet trois lois : 1° l'association par ressemblance, les sensations s'appelant par une évocation de même cause, par une qualité semblable, par rapport, ou analogie ; 2° l'association de la partie au tout (un son évoquant une mélodie) ; 3° l'association par contiguïté (d'un joueur à la table verte). Les deux lois de ressemblance et de rapprochement sont-elles irréductibles ? Höffding ne le pense pas et regarde la loi de rapprochement « comme la loi fondamentale dont toutes les autres dérivent : c'est une loi de *totalisation.* » Mais cet auteur est circonspect et se garde de suivre les associationistes dans leurs conceptions simplistes qui se bornent à une stérile analyse. « Nous avons ici, dit-il, une manifestation de l'unité formelle de la conscience. Toute association est une synthèse... L'association est une forme particulière de la force unifiante, de l'activité synthétique qui forme à mes yeux la nature de la conscience. »

M. le D$^r$ Grasset se refuse à n'admettre que des

associations *conscientes* avec Claparède, et il a raison. L'inconscient est un immense trésor où les mouvements sont incessants et où puise sans compter la conscience.

Les types physiologiques qu'admet notre auteur « sont basés soit sur l'intensité de la force générale d'association prise dans son ensemble, soit sur l'intensité relative de la force d'une des associations particulières que nous avons distinguées : l'association par ressemblance ou l'association par rapprochement dans le temps et dans l'espace. On peut, avec Claparède, formuler ainsi les lois de la *force* d'association : une association est d'autant plus forte qu'elle persiste plus longtemps et que son évolution est plus prompte. La force d'une association a donc pour facteurs : la durée de l'association et la rapidité de son évocation. »

On ne s'est pas contenté d'établir des types physiologiques d'après la *quantité* ou la force des associations, on a voulu encore les estimer d'après leur *qualité*. Mais cette subtile méthode n'a pas donné de résultats sérieux : elle paraît peu pratique à M. Claparède.

# CHAPITRE VIII

## Les centres psychiques de Grasset (*suite*).

Poursuivant méthodiquement son étude des fonctions psychiques, M. le professeur Grasset arrive à l'imagination et se plaît à reconnaître et à marquer sa nature spéciale. L'imagination est plus et mieux que l'association des idées et des images. « Personne, dit notre confrère, ne veut plus l'assimiler uniquement à une « imagerie mentale ». Bain montre dans l'imagination la « constructivité », la « fonction constructive, plastique ou poétique, au sens étymologique du mot ». Ribot étudie l'imagination « créatrice » et Dugas conclut que l'imagination est « le concours difficilement réalisé de deux qualités distinctes : la puissance d'objectivation et la force combinatrice. » L'imagination revient en somme à deux éléments : *l'objectivation* et la *création*. Mais *c'est ce dernier élément de constructivité et de création qui constitue vraiment l'imagination* ; car sans cet élément elle se confondrait avec l'association des idées et des images. »

L'imagination créatrice qui joue un si grand rôle dans notre vie psychique et qui nous distingue si nettement de l'animal a une signification qui a été notée par tous les philosophes et qu'il nous aurait été agréable de voir relever par Grasset : elle implique et accuse l'âme spirituelle. Si le corps donne l'imagination commune, l'esprit *seul* est capable de régir le monde des images et d'y susciter le merveilleux édifice de ses *créations*. Il y a dans l'agencement et le groupement des *fantômes* une coordination saisissante, une unité frappante. Notre savant confrère en convient. « Tous les auteurs, dit-il, insistent sur ce principe d'unité de la vie imaginative (Ribot, Dugas). Cette unité et cette stabilité ne peuvent être faites *que par l'activité propre des centres neuroniques.* » Notre confrère se contente de peu, se paie avec des mots. Comment, lui demanderons-nous, l'activité des centres cérébraux *crée*-t-elle l'unité ? Elle l'accuse, ce nous semble, elle ne la produit pas. Il n'y a que *l'âme* qui puisse rendre raison de cet admirable *consensus* des neurones associés dans le fonctionnement de la vie sensible. Pourquoi ne pas proclamer l'existence du principe spirituel, quand elle est aussi évidente ?

Il est regrettable que M. le professeur Grasset, dont on connaît par ailleurs la foi spiritualiste et chrétienne, ne sorte pas de l'ornière *matérialiste* toutes les fois qu'il scrute les merveilles de la matière vivante. Pourquoi se cantonne-t-il dans un étroit *organicisme* qui lui fait méconnaître les plus beaux côtés de notre nature ? Il voit très bien la base sensible de l'imagination, mais il ne semble pas regarder plus haut, il

ne voit rien au delà des neurones et des centres fonc-
tionnels qu'ils constituent au cerveau. Nous avons
comme lui, étudié naguère l'imagination (1) et nous
avons dû constater que cette faculté dépasse infiniment le monde sensible qui lui fournit son aliment.
« Elle déborde, disions-nous, le cadre étroit où prétend l'enfermer la psycho-physique et déconcerte les
matérialistes. On peut, pour les besoins de l'étude,
détailler cette faculté et la considérer dans ses degrés inférieurs, à l'état passif. Mais il ne faut pas oublier qu'elle est inséparable, chez l'homme, des
facultés supérieures. Notre personne est une, entière
et ne se divise pas. L'imagination agit sur toutes les
facultés : les passions, l'intelligence, la volonté s'y
reflètent à leur tour, et s'y alimentent incessamment.
Dans ses moindres opérations, apparaît l'âme humaine
qui la pénètre intimement de sa vertu et lui communique une valeur incomparable et comme le radieux
cachet de l'infini. »

Après avoir proclamé l'unité incontestable de l'i-
magination, M. le D<sup>r</sup> Grasset se hâte d'apporter « quelque restriction au principe » pour rester fidèle à sa
chère théorie. Il admet une *imagination consciente*
et une *imagination polygonale*. Nous ne nous attarde-
rons pas à montrer combien cette division tranchée
est illusoire et fausse, mais nous ne pouvons admettre que l'imagination polygonale soit la « folle du lo-
gis » et que son dévergondage s'observe spécialement

1. D<sup>r</sup> S. *L'imagination*. Sueur, 1896.

dans le rêve, l'hypnose, la transe médiumnique. L'imagination *vagabonde* appartient à tous à l'état normal. Des hommes très conscients et *responsables* se laissent entraîner par elle. Ajoutons que, maîtrisée ou lâchée par la volonté, l'imagination reste la même, a toujours la même localisation cérébrale. Avec la théorie de M. Grasset, il faudrait admettre que, suivant les cas, l'imagination siège exclusivement au polygone ou dans les lobes frontaux ; ce qui est inadmissible.

L'imagination a des rapports étroits et nécessaires avec les actes psychiques déjà étudiés, avec les *sensations* externes ou internes, avec la mémoire, avec l'association. Mais elle leur est sinon antécédente, du moins supérieure. « C'est un acte nouveau de construction et de création. » N'est-ce pas une indication positive, la meilleure des preuves en faveur de l'*animisme* ? Pourquoi notre auteur ne la voit-il pas ? L'âme spirituelle *seule* est capable de gouverner le monde des neurones et de présider à l'élaboration et au groupement des images dans le développement de notre faculté *créatrice*.

L'imagination est *créatrice* avant tout ; et les auteurs sans exception sont obligés de le reconnaître quand ils s'occupent de l'inspiration. Toutefois ils s'égarent vite en ce difficile sujet ; et une école contemporaine n'a pas peur d'attribuer à l'inconscience, au polygone, le *pouvoir créateur* de l'esprit. « Ce qui semble acquis, déclare M. Ribot avec cette superbe assurance que donne l'autorité et qui n'admet pas de réplique, c'est que la généralité ou du moins la richesse dans l'invention dépend de l'imagination subliminale, non de l'autre, superficielle par nature et promptement épuisée. *Inspiration signifie imagination inconsciente* et n'en est même qu'un cas particulier. L'imagination consciente est un appareil de perfectionnement. » Comprenne qui pourra cette étrange théorie. Et son prétexte est que dans l'inspiration il y a des jets brusques et comme inconscients, des pensées subites et irréfléchies. Quoi de surprenant! Nous ne sommes pas de purs esprits, nous ne concevons pas instantanément les choses. Le terrain cérébral, dont notre âme est tributaire, peine à produire l'expression, à donner les images. Mais ne voit-on pas que, s'il a l'enfantement laborieux, il est sous la dépendance de l'esprit ? C'est cet l'esprit qui l'a préparé, qui l'a ensemencé en suscitant tout le travail psychique, c'est encore et toujours l'esprit qui préside au merveilleux enchaînement de la pensée. Ce qui est gêné, ce n'est pas proprement l'inspiration, c'est l'*expression* imaginative des idées. L'esprit est prompt, mais la chair cérébrale l'entrave.

M. le Dʳ Grasset s'insurge avec raison contre la théorie *polygonale* de Ribot, mais pourquoi ne renonce-t-il pas en même temps à son *polygone*, à ce double psychisme qui se trouve si complètement contredit ? Il est clair que l'imagination ne siège pas dans deux centres distincts et *autonomes*. Et notre auteur doit se rendre à l'évidence. « En fait, écrit-il, je crois que, physiologiquement, chez les équilibrés, l'inspiration, l'imagination créatrice *a pour organes à la fois* les deux ordres de centres psychiques qui s'unissent dans la collaboration quotidienne. Dans la plupart des cas d'inspiration, on trouve la preuve de cette collaboration. Si même les deux ordres de centres ne travaillent pas toujours ensemble, dans les cas où le polygone paraît avoir la plus grande activité, c'est O qui lui a donné l'idée et qui l'a lancé sur une piste. Dans cette collaboration habituelle, O *crée*, le polygone rumine. » Pour nous, le polygone n'existe pas et O est l'*esprit* que notre excellent confrère et mauvais philosophe de Montpellier n'a pas réussi à localiser. Tout penseur averti sait bien que l'esprit n'est pas *localisable* et qu'il préside de haut à la fonction imaginative.

Mais la théorie de Ribot qui s'inspire du matérialisme le plus étroit reste en faveur dans nos écoles, même après avoir subi la rude critique de M. Grasset. Ce dernier admet avec raison que l'inspiration appartient d'ordinaire à des esprits équilibrés, à des cerveaux normaux. Les contradicteurs refusent de se rendre, ont un avis tout contraire : ils voient dans le talent ou le génie une névrose particulière, une *folie au petit pied*. Dans ces conditions aucune discussion raisonnable n'est possible. Passons.

M. Grasset se persuade qu'il y a *divers types physiologiques suivant la force d'objectivation et de création et suivant la stabilité de l'imagination totale ou partielle.* Nous avons peine à croire que les hommes se partagent en deux espèces : les uns à imagination

*forte*, les autres à imagination *faible*. Et les dévelop_
pements auxquels se livre péniblement notre auteur
ne convaincront personne. « Il y a, dit-il, des types
équilibrés, des types O et des types polygonaux. L'é-
quilibre parfait *n'est d'ailleurs pas signe de plus
grande supériorité, au contraire. Les très équilibrés
sont des médiocres*, tout au plus des talents. Les
grands supérieurs, *les génies sont des déséquilibrés*,
parce qu'ils ont une grande prédominance d'une partie de leur psychisme, *tout en restant physiologiques.* » Expliquez cette contradiction : Des hommes
normaux qui ne sont pas équilibrés. Il est clair que
le D<sup>r</sup> Grasset a voulu concilier la monstrueuse théorie de Lombroso avec le bon sens et l'observation ;
mais il a tristement échoué. L'homme a mieux à faire
qu'à réaliser le *type O* en se déséquilibrant : il doit
mettre à profit sa raison, sa liberté et utiliser les
facultés que Dieu lui a départies dans une juste
pondération.

Ne perdons pas notre temps à suivre M. Ribot dans
sa classification des *imaginatifs*, à étudier les types
*plastique, diffluent, mystique, scientifique, pratique
et mécanique, commercial, utopique.* Les auteurs varient et ne sauraient s'entendre sur ce terrain mou-
vant. M. Dugas par exemple regarde l'avare comme
« l'être le plus dénué d'imagination », tandis qu'Ar-
vède Barine en fait un idéaliste, un poète...

*Comparaison. Jugement. Raisonnement.* — Voilà
les trois opérations *intellectuelles* que M. le D<sup>r</sup> Grasset
prétend étudier et expliquer au seul point de vue

*physiologique.* On pourra contester sa compétence, on ne niera pas du moins sa belle audace. Comment un *biologiste* qui se refuse à philosopher peut-il aborder de pareilles hauteurs sans vertige... et sans insuccès ?

Les neurones ont une belle action : ils ne sont inférieurs à aucune tâche, ils suffisent à tout. Notre confrère nous les montre à l'œuvre avec assurance. « Sur les idées et les images acquises, écrit-il, les centres psychiques peuvent exercer leur action *encore plus personnelle* que dans les actes précédemment étudiés : ils peuvent les *comparer*, après cette comparaison *juger*, en associant les jugements, *raisonner*, et arriver ainsi à des jugements plus complexes.» Ce ne sont pas seulement les neurones supérieurs, ceux du fameux centre O, ce sont tous les neurones cérébraux, même les inférieurs du polygone, qui participent à cette élaboration complexe. « Ce pouvoir de comparer, de raisonner et de juger appartient d'ailleurs à tous les centres psychiques, aux inférieurs comme aux supérieurs. Le sujet hypnotisé et surtout le médium en transe font, *avec leur polygone,* des comparaisons, des raisonnements et des jugements. » Le lecteur sera confondu de ces aperçus, se demandant où l'esprit va se nicher, mais il faut se rendre à l'évidence. M. Grasset considère la cérébration inconsciente comme si les facultés supérieures y présidaient. On dira peut-être, à sa décharge, qu'il s'agit là de ces liaisons naturelles, automatiques, qui s'établissent entre images voisines, des *consécutions* dont parle Leibnitz et qu'on ne peut dénier aux animaux. Mais notre auteur dissipe les illusions et aggrave nos craintes quand il montre en ces termes toute la dangereuse portée de ses affirmations : « Cette activité des neurones psychiques pour le raisonnement est soumise à des *lois* dont la *métaphysique* étudie les origines et la *logique*, les formules, et dont par suite nous n'avons pas à nous occuper ici. » Il n'y a pas d'erreur possible : nous sommes bien sur le terrain *philosophique*. Et il faut avouer que nous avons dans le D<sup>r</sup> Grasset un singulier initiateur, un introducteur peu banal dans le domaine de la pensée.

Il a la prétention, on le sait, de ne pas sortir de la physiologie et il nous donne une philosophie transcendante quoique très personnelle. C'est ainsi qu'après avoir attribué le raisonnement aux neurones cérébraux, il concède au centre O le « jugement de reconnaissance ». Mais laissons-lui la plume :

« Il y a deux degrés dans la perception : une perception simple au premier degré, identification primaire, reconnaissance sensorielle, inconsciente, que je place dans les centres polygonaux, une perception compliquée, identification secondaire, *reconnaissance intellectuelle, consciente que je place dans les centres O...*

« Quand un sujet a reçu toutes les sensations venues d'un objet, il fait dans son polygone une première reconnaissance inférieure, inconsciente, qui commande l'attitude du sujet vis-à-vis de l'objet *au-*

*tomatiquement reconnu.* Dans certains cas, tout se borne là.

« Dans d'autres cas, tout l'ensemble des centres psychiques (supérieurs et inférieurs) intervient, réunit, rapproche, combine toutes les impressions venues de l'objet, les compare aux impressions plus ou moins analogues déposées dans la mémoire et couronne cet acte psychique par un *jugement de reconnaissance* supérieure et consciente. »

«... Ce jugement de reconnaissance, qui peut être fort rapide et alors simuler une perception simple, n'en est pas moins toujours un jugement et *doit même être attribué à des centres psychiques distincts* de ceux qui président à la perception simple, puisque certaines altérations que nous étudierons plus loin suppriment la fonction de reconnaissance sans supprimer la fonction de perception simple. Cette reconnaissance se fait par l'un quelconque de nos sens, tact (stéréognosie), vue, ouïe, ou par l'action combinée de plusieurs d'entre eux. Le jugement de reconnaissance peut s'appliquer aussi à des idées et à des images endogènes, évoquées de la mémoire...

« En dernière analyse, le jugement de reconnaissance localise un objet *extérieur* dans l'*espace* et une image *intérieure* dans le *temps*. *La reconnaissance est un jugement d'orientation et de localisation d'une impression dans le temps et dans l'espace.* »

On remarquera que notre auteur se laisse toujours guider par une idée préconçue, celle d'appuyer et de justifier sa fameuse thèse. Le centre O qu'il tient pour organique et cérébral nous apparaît au contraire comme l'intelligence spirituelle, et nous serions heureux de lui conserver ce caractère idéal et vrai. Mais aucune illusion n'est possible. M. le D<sup>r</sup> Grasset *incarne* l'esprit dans le cerveau ; et, tout en avouant qu'il en ignore le siège, il ne cesse de localiser son centre O dans les lobes frontaux. Il ne voit pas qu'*aucun fait* ne légitime son hypothèse, ne prouve le dualisme imaginé : cette reconnaissance qui s'opère d'abord dans le polygone, puis qui se transporte ailleurs pour devenir *intellectuelle*. La vérité est que l'attention, nécessaire à la reconnaissance consciente, *est d'ordre volontaire,* et que son intervention nécessite le jeu de centres encéphaliques différents de ceux qui président à la connaissance. Pourquoi le maître ne s'est-il pas rendu compte de cette nécessité logique ? On peut faire table rase de l'enseignement classique, escompter même la science de l'avenir pour mieux asseoir une théorie, mais on ne refait pas la nature humaine, on ne supprime pas les deux ordres distincts de facultés psychiques, la connaissance et l'appétit, l'intelligence et la volonté.

Le D<sup>r</sup> Grasset distingue *divers types physiologiques suivant la force générale de jugement et de raisonnement ou suivant la force particulière de reconnaissance.* Mais, il est facile de le constater, ces essais de classification ont un haut caractère de fantaisie. « Au point de vue de la *force générale du jugement et de reconnaissance,* écrit notre confrère, il y a : les sujets à jugement « sûr » qui raisonnent bien, solidement, correctement ; les uns réussissant mieux les raisonnements déductifs (mathématiciens, géomètres, métaphysiciens), d'autres les raisonnements inductifs (expérimentateurs) ; les sujets à jugement « faux », raisonneurs, ergoteurs, hiérarchisant mal les arguments, accordant de l'importance aux moins sérieux, tirant des conclusions à côté.

« Un bon moyen d'apprécier dans une certaine mesure cette force de jugement et de raisonnement chez un sujet est d'étudier la facilité plus ou moins grande avec laquelle on influe sur son opinion, on lui fait modifier son raisonnement, transformer son jugement. Les sujets forts résistent plus que les faibles. Cependant il ne faut pas exagérer l'importance de cette épreuve, parce qu'il y a des mauvais raisonneurs qui sont têtus dans leur manière de voir et dont on influence difficilement le jugement. »

Cette dernière observation du maître est très exacte et nous permet de faire justice de sa thèse même. On juge avec son intelligence, *mais aussi avec son cœur et avec sa volonté*. Voilà ce qu'il ne faut jamais oublier. Le raisonnement devrait être toujours froid, serré et logique ; mais que de fois il est influencé, dévié et faussé par la passion ! *Le cœur a des raisons que la raison ne comprend pas*, mais qui déterminent trop souvent nos actes. Les tentatives qu'on fait pour classer les *raisonneurs* sont donc vaines, parce qu'elles ne tiennent pas compte des appétits qui, suivant les cas, soutiennent la connaissance ou la contrarient. A côté de l'intelligence *qui pense,* il faut toujours faire la place du cœur qui aime *et qui veut*. Pourquoi nos *intellectuels* ne voient-ils pas ce dualisme nécessaire, autrement prouvé, autrement évident que celui dont le D͏ʳ Grasset prétend gratifier le cerveau?

La pathologie du raisonnement n'est pas établie, elle n'existe qu'à l'état d'ébauche. Nous ne savons pas la base encéphalique de la raison; comment pourrions-nous connaître la cause morbide de la déraison? M. le D͏ʳ Grasset ne s'effraye pas d'un tel mystère et aborde crânement le rude problème. Le résout-il? C'est une autre question. « La maladie, écrit-il, ne perfectionne pas plus le jugement et le raisonnement qu'elle ne perfectionne les autres actes psychiques déjà étudiés. Il y a des malades qui raisonnent *plus* qu'à l'état normal, ils raisonnent même *trop*, mais ils ne raisonnent pas *mieux ;* au contraire. »

« *L'affaiblissement de la faculté de juger en général et de raisonner* se manifeste d'abord par des *faux jugements* isolés plus ou moins fréquents. Les *interprétations délirantes* sont du même groupe, s'exerçant sur des impressions exactes, récentes ou anciennes (*délire rétrospectif*). L'illogisme des raisonnements allant croissant aboutit à l'*incohérence* et l'affaiblissement à la *confusion mentale* et à la stupidité...

« *L'affaiblissement de la faculté de reconnaissance* est un symptôme compris dans le précédent, mais il peut se présenter isolé : il constitue alors ce qui a été très étudié dans ces derniers temps sous le nom d'*agnosie*. Comme il y a deux espèces de connaissance, il y a deux espèces d'agnosie : une agnosie primitive et une agnosie supérieure, trouble de l'identification secondaire, le seul que je retienne ici sous le nom d'agnosie. C'est le trouble du jugement de reconnaissance supérieure et consciente. » Toute cette partie de la cérébrologie est à peine élucidée par de récents travaux et ne permet guère de conclusions sûres. Est-il besoin d'ajouter que la théorie du centre O n'y trouve pas la moindre confirmation?

M. le D<sup>r</sup> Grasset range dans les troubles du jugement et du raisonnement les *idées délirantes* qui constituent le fond de tant de psychoses, ou, pour parler clair, de formes de la folie. Il accepte la division de Seglas qui partage ces idées en neuf espèces principales. Nous n'avons pas besoin de marquer combien une telle classification est défectueuse : elle ne saurait être maintenue. La folie ne consiste pas essentiellement dans un trouble des idées, mais bien dans un trouble affectif qui retentit d'abord sur la volonté, puis consécutivement sur l'intelligence (1).

Les troubles de cette dernière faculté peuvent être identiques avec des formes très différentes d'aliénation : le *délire* porte toujours sur la mentalité spéciale du sujet, sur sa tournure d'esprit, plus exactement sur l'orientation propre de sa *cérébration*. Par exemple, une personne religieuse, pieuse, aura toujours des idées délirantes qui se rapportent à sa foi, quelle que soit la folie qui la possède. Ce qu'il importerait de connaître — et ce qui nous échappe en-

---

1. D<sup>r</sup> S. *La Folie.* Sueur.

core — c'est la cause des modalités si diverses que présente la folie, ainsi que la cause intime, profonde de cette folie même. Or, nous l'avons dit, la physiologie ne nous a pas encore révélé la base de la raison. Comment les aliénistes pourraient-ils nous dire les conditions somatiques dans lesquelles la raison se perd ?

M. le D<sup>r</sup> Grasset dénomme *paragnosie* le délire *métabolique* ou de métamorphose, dans lequel les objets ou les faits se transforment complètement aux yeux des malades. Ainsi le médecin devient un roi, l'asile un palais, les infirmiers des ministres, etc. C'est un trouble évident de la reconnaissance, mais qui n'est pas expliqué.

Un autre trouble est la *méfiance du jugement* qui est rarement isolée et s'observe, dans la folie de doute, avec l'obtusion de l'intelligence, l'arrêt de l'instruction, les éclipses mentales. Les psychasthéniques y sont sujets ; mais qui pourrait dire le siège et la nature de leur mal ?

Signalons enfin les *jugements contradictoires*. Nombre d'aliénés se distinguent par une *négation* à outrance. A les entendre, ils n'ont pas de nom, pas d'âge, pas de famille, pas de sentiments, pas d'organes, pas de corps.

C'est un trouble du jugement, déclare le D<sup>r</sup> Grasset. Nous n'y contredisons pas, mais il faudrait ajouter qu'il est dû, comme les autres, à une lésion de la vie appétitive. Ce n'est pas l'intelligence qui est affectée primitivement dans l'aliénation, c'est la *volonté*.

Et celle-ci n'est atteinte que médiatement par l'organe sensible nécessaire à son exercice, par le centre encéphalique des appétits. C'est de ce côté que les aliénistes devraient se décider à porter leurs curieuses investigations, car c'est là que tôt ou tard se découvrira la cause *organique* de la folie.

La troisième section de l'étude du D^r Grasset (*fonctions psychiques générales*) se subdivise en deux paragraphes : 1° *volonté, décision ;* 2° *extériorisation de la décision, passage à l'acte moteur.*

*Volonté.* — Notre rôle de critique nous oblige à combattre souvent les idées du D^r Grasset, mais il nous amène aussi à les approuver, quand elles le méritent. Et ce n'est pas là la partie la moins agréable de notre tâche. Nous sommes heureux d'applaudir notre confrère, dont l'autorité est si grande dans le monde médical qu'elle y fait loi, en abordant cette intéressante et capitale partie de son livre. « Dans ce premier paragraphe, écrit-il, nous étudions seulement le *choix* entre les idées qui *motivent* l'acte *volitif* et la *décision* qui en résulte. Dans le suivant, nous étudierons l'expression et l'extériorisation de cette décision. Ce qui prouve qu'il y a bien une différence entre la décision et son extériorisation, c'est que la décision peut s'exprimer par une inhibition, ne s'extérioriser par rien de positif et d'apparent ; la décision peut aboutir à un acte d'arrêt.

« Même ainsi limité, ce « premier moment » du processus volontaire exprime une réelle *activité* des centres psychiques. Cette activité s'affirme par des actes successifs ; il faut, en effet, d'abord *réunir* les idées et les images susceptibles de devenir des *motifs* et des *mobiles*, les comparer, les *hiérarchiser, juger* leur valeur respective, les *classer* suivant l'influence qu'elles doivent exercer sur la conduite et enfin *vouloir ;* ce dernier temps qui conclut les précédents (déjà connus et étudiés) est lui-même un processus vraiment actif, manifestation de l'activité propre des neurones psychiques. »

Est-il besoin de répéter que nous n'acceptons pas la confiscation de la volonté par les neurones même les plus supérieurs du cerveau ? Notre confrère de Montpellier s'illusionne étrangement quand il prétend *incarner* notre faculté *spirituelle* dans l'encéphale, au lieu d'y voir simplement son *substratum* physiologique. Mais il a le mérite et le courage de défendre la *volonté* contre ses détracteurs, de proclamer sa nature *active* de force libre, et ce n'est pas un petit mérite à notre époque. Poursuivons son intéressant plaidoyer :

« J'ai cru utile, dit-il, de formuler cette proposition d'apparence banale parce que certains esprits ont pensé que l'évolution moderne de la psychologie supprimait tout principe actif, toute intervention d'une activité personnelle derrière les actes de volonté. La science a déclaré, dit Dallemagne, « que volonté n'est désormais qu'un mot vide de sens et elle ne reconnaît comme pourvues de caractères positifs, comme susceptibles d'analyse que les volitions ». Mais, comme dit le même auteur, il ne faudrait pas croire que cette déclaration ait tranché la question et résolu le problème. Il reste toujours l'ancienne *volonté* dont on n'a jamais tant parlé que depuis qu'on la nie. « Même dans la bouche de ceux qui sont complètement acquis à la conception nouvelle, la contradiction est de tous les jours. Ils parlent sans cesse de l'éducation de la volonté, de son énergie et de ses défaillances... Il est des monographies du plus haut intérêt qui traitent des maladies de la volonté et débutent par la négation de son existence. »

« De peur de voir reparaître l'horrible fantôme de l'âme spirituelle, certains psychologues n'osent plus parler de principe actif, de force de volonté ; c'est cependant indispensable. Sans nous occuper ici de l'âme ni du libre arbitre (questions qui appartiennent à un autre ordre de connaissances), il faut admettre comme cause des actes volitifs, quelque chose d'actif, un principe actif, un *centre qui veut*.

« Cette activité est d'ailleurs reconnue par les auteurs : « Malgré tous nos efforts, dit Dallemagne, la plus éclatante des caractéristiques de la volition sera toujours le sentiment intime qui rapporte à notre moi l'acte, quel qu'il soit, que caractérise la volition. » « La volonté, dit Paulhan, est une forme, un cas spécial de notre activité »... Ribot semble aussi affirmatif dans beaucoup de passages. Pour lui, la volonté est une « forme de l'activité » ; elle est la « réaction propre de l'individu »... Il la définit une « réaction individuelle » et déclare que, « par rapport aux volitions, elle (la volonté) est une cause ».

« Voilà qui semble clair. Et cependant, effrayé à la pensée de refaire de la volonté une faculté, une entité, Ribot réduit tant qu'il peut la portée des déclarations précédentes et tombe ainsi dans des contradictions, au moins apparentes, quand il dit : « A proprement parler, l'activité dans l'animal n'est pas un commencement, mais une fin, une cause mais un résultat, un début mais une suite. » Et ailleurs : « *Considérée comme état de conscience, la volition n'est donc rien de plus qu'une affirmation* (ou une négation)... la volition, par elle-même, à titre d'état de conscience, n'a pas plus d'efficacité pour produire un acte que le jugement pour produire la vérité. » Enfin, dans ses conclusions : « La volition n'est donc pour nous qu'un *simple état de conscience.* De plus, *elle n'est la cause de rien.* »

« Je ne peux plus suivre Ribot dans cette nouvelle formule. Les faits démontrent absolument une activité propre dans le sujet qui veut. Il est donc impossible de ne voir là qu'un état de conscience, c'est-à-dire un état passif, sans activité, qui n'est la cause de rien. Le point de départ de cette activité, pour le physiopathologiste, est le neurone psychique.

« Ribot insiste beaucoup sur l'évolution du simple réflexe à la volonté, en passant par le désir ; mais, même dans le réflexe, le corps cellulaire du neurone n'est pas passif. Il n'agit pas simplement à la façon d'un miroir. Plus on s'élève dans la série des réflexes, plus cette activité propre du neurone s'affirme, s'étend et se développe ; dans l'acte volontaire, elle est à un haut degré, et, en tous cas, indiscutable. »

Notre auteur a raison de revendiquer l'activité propre des éléments organisés, ce qu'on appelle encore la spontanéité de la matière vivante. Mais il ne faudrait pas confondre l'activité de cette matière avec l'activité de l'esprit, la spontanéité organique avec la liberté humaine. Et nous avons peur que le texte de M. le professeur Grasset ne prête à cette grave erreur en établissant une gradation insensible de l'animal à l'homme, de la matière à l'esprit. En fait, il y a là une différence essentielle, un hiatus profond et infranchissable. L'homme seul est doué d'esprit et de liberté.

Sur les rapports de la volition et de la conscience, M. le D$^r$ Grasset abandonne les sentiers battus et professe une opinion très contestable. Il n'est pas édifié, on le voit, sur la nature de la conscience, pas convaincu de la connexion qui s'établit normalement entre l'intelligence et la volonté. Paulhan nie que la volition ait la conscience dans ses caractères. « Je pense, dit-il, que la volition... peut exister sans que nous le sachions bien nettement. » M. Grasset est du même avis et admet des *volitions polygonales* dont l'existence apparaît bien problématique. Il veut dire sans doute que la volonté s'alimente et se détermine par les mobiles que lui offre parfois la cérébration inconsciente : ce qui n'est pas discutable. « Quand un des motifs de la décision prise par O (lisez *par l'esprit*) est emprunté à une habitude plus ou moins ancienne, c'est encore l'activité polygonale qui aide l'acte psychique volontaire de O. De même quand on agit sous l'influence d'une passion. »

La volonté n'agit pas sans motifs ; et ces motifs, elle les emprunte à la sensibilité, à la connaissance. Mais elle demeure elle-même pleinement consciente et libre. M. Grasset arrive à la reconnaître sous la force de l'évidence : « Les actes volitifs supérieurs (O) ont seuls, dit-il, les caractères de personnalité élevée qui les fait appeler « libres » ; ce sont les seuls dont le sujet soit « responsable »... C'est dans ce sens que Paulhan, après avoir très bien montré l'activité automatique et ses caractères, ajoute : « La volonté implique généralement à quelque degré la conscience et la réflexion, c'est-à-dire les centres O. »

L'influence réciproque de l'intelligence et de la volonté est si vraie, leur collaboration est si nécessaire, que M. le D<sup>r</sup> Grasset la reconnaît et se refuse à confondre les *têtus* avec les volontés fortes. « La supériorité vraie de volonté, dit-il justement, suppose une véritable supériorité intellectuelle, car *il n'y a pas de bonne volition sans bon jugement et sans bon raisonnement*. Le têtu est, au contraire, le plus souvent court d'intelligence, ne sachant pas attribuer aux motifs venus de l'extérieur le rôle qui leur convient, n'admettant que ses idées personnelles ; il est à courte vue et par conséquent ne peut pas avoir des volitions vraiment fortes et supérieures. » Le malheur est que la question très complexe est parfois obscurcie par la passion et qu'on distingue assez mal *en pratique* les hommes *résolus* des *têtus*.

La résolution née d'une conviction saine et forte passe facilement pour de l'entêtement aux yeux de ceux qu'elle contredit et contrarie : il nous suffira de citer en exemple la vaillante obstination, la noble résistance des Bretons aux lois scélérates du bloc maçonnique.

L'heure n'est pas venue d'établir les *différents types physiologiques suivant la force et la fermeté de la volonté*. Et M. le professeur Grasset s'amuse quand il divise les hommes en trois catégories : les volontés fortes, les volontés moyennes et les volontés faibles. Un seul exemple donnera la valeur de cette classification. « Les gens à grosse influence polygonale, qui se laissent gouverner par leurs instincts et leurs passions, sont à volonté faible : tels sont les enfants, les foules. » Le verdict est formel. Acceptons-en l'augure : il n'y a plus de femmes *décidées* ni d'enfants *volontaires !* Quelle chance pour les hommes !

Nous ne suivrons pas notre auteur dans l'exposé de ces invraisemblables catégories. Mais nous sommes heureux de constater son opposition à l'opinion de Schopenhauer et de quelques autres qui admettent la fixité invariable des volontés individuelles. « L'élément inné et héréditaire, écrit-il, joue incontestablement un grand rôle dans la formation du caractère et de la volonté de chacun. Mais l'éducation, la vie sociale, le développement même de la vie individuelle et les circonstances ambiantes peuvent modifier et modifient souvent la volonté. »

La pathologie de la volonté est aussi vaste que mal connue. Est-ce pour cette raison que les psychologues s'en sont occupés ? Le trouble le plus commun est la faiblesse et l'instabilité de la volonté dont l'*hystérie* nous donne le type. « Les malades sont hésitants, indécis, irrésolus, inattentifs, légers, changent souvent d'avis, reviennent sur leurs décisions ; il en résulte un certain degré d'impuissance dans les actes : ils sont lents et paresseux.» Ce dernier trait ne nous paraît pas exact. Les hystériques sont souvent vifs, brusques, parfois violents, et nous en avons connus de sérieux et travailleurs. Leur caractéristique ne réside pas seulement dans l'aboulie, mais dans l'exaltation de leur sensibilité affective : voilà ce qu'il importe de retenir et ce que notre auteur ne conteste pas.

« L'élément fondamental, écrit-il, étant, dans ces cas, l'affaiblissement de la volonté (O), non seulement l'activité automatique n'est pas atteinte, *mais même elle est exaltée*, privée qu'elle est du contrôle et de l'inhibition de O. C'est le « règne des caprices » qui sont des phénomènes polygonaux. »

On le voit, M. le professeur Grasset admet l'exaltation des hystériques, mais il n'en montre pas l'extrême importance et il ne la rattache pas à sa cause. L'affection morbide porte *avant tout* sur l'organe des appétits, quel qu'il soit ; ce n'est que *consécutivement* que la volonté est atteinte, faussée et diminuée. Et il est surprenant que notre savant confrère localise la volonté dans les mêmes centres (O) que l'intelligence, aux lobes frontaux, après avoir nettement enseigné que l'appétit et la connaissance n'ont pas, ne sauraient avoir les mêmes centres encéphaliques. Il se met ainsi en flagrante contradiction. Refuserait-il à la volonté la qualité qui lui a été toujours reconnue : celle d'être l'*appétit raisonnable?* Et voudrait-il admettre avec les auteurs matérialistes que les facultés supérieures, l'intelligence et la volonté, sont organiques, se mêlent et se confondent dans les mêmes neurones du lobe préfrontal? Nous espérons que le savant clinicien se gardera d'une pareille erreur et restera fidèle à l'enseignement des faits.

*L'aboulie* est un autre trouble fréquent dans la neurasthénie, l'hystérie, la psychasténie : ce n'est pas l'absence, c'est la faiblesse de la volonté. On distingue l'*aboulie systématisée* ou *localisée*, qui porte sur un objet spécial, sur un acte à part et l'*aboulie générale,* la plus fréquente. Cette maladie est encore très mal étudiée. Nous estimons qu'elle se rattache à une lésion du centre affectif. Il est vain d'en chercher au cerveau le siège, comme le font encore tant d'auteurs.

L'abolition (spontanée ou provoquée) de la volonté est plus rare. On observe des cas *provoqués* dans l'hypnose ou la chloroformisation et les *spontanés* dans l'idiotie.

M. le Dʳ Grasset range les *obsessions* dans les troubles de la volonté. On y voit surtout un trouble intellectuel et émotif, mais on y décèle aussi, remarque notre auteur, l'action de la volonté. « Il y a évidemment, dans l'obsession, d'abord une *idée* fixe, spontanée ou provoquée, souvent délirante... Il y a ensuite une *émotion,* base du délire émotif de Morel... Mais l'idée fixe et l'émotion ne suffisent pas à faire l'obsession... Il faut que ces deux éléments agissent sur la volition ou au moins sur la délibération et le jugement des motifs qui précèdent la décision. Ce qui caractérise vraiment l'obsédé, c'est le *trouble* de cette *fonction de hiérarchisation des motifs* que nous avons indiquée. L'idée fixe prend sur la volonté du sujet un empire injuste et immérité, incoercible, irrésistible, disproportionné, insensé : c'est alors, et seulement alors, qu'est constituée l'obsession.

« Les deux éléments idéalif et émotif sont moins indispensables pour constituer l'obsession que cet élément parabolique. Car une idée non délirante (idée de la rougeur vraie du visage par exemple) peut suffire à provoquer l'obsession. L'idée évocatrice de l'obsession peut varier dans la même maladie, chez le même sujet. D'autre part, il y a des obsessions très nettes qui ne s'accompagnent pas d'une très forte émotion ; l'émotion ne naît souvent alors que si l'obsession n'est pas obéie ; elle est donc autant effet que cause.

« Il n'y a, au contraire, jamais obsession sans cette mainmise de l'idée sur la volonté du sujet, sans une capitulation de la volonté devant l'idée fixe. La cause première, essentielle, de l'obsession est donc toujours une faiblesse de la volonté. *L'obsession est bien un trouble de la volonté.* »

Soit, dirons-nous à notre confrère, l'obsession ré -
sulte d'un conflit entre l'idée et la volonté, conflit
qui se termine toujours par la capitulation de cette
dernière. Comment justifiez-vous un tel conflit ? Comment rendez-vous raison de cette opposition avec
votre théorie qui confond cérébralement l'idée et la
volonté, qui localise en O dans les mêmes neurones
l'intelligence et la faculté volontaire ? Cette théorie
explique-t-elle davantage le jeu de la volonté, qui es t
avant tout l'*appétit raisonnable ?* Nullement.

Comment notre auteur n'a-t-il pas vu que la volonté suppose une base organique spéciale, une origine passionnelle ? C'est le cœur qui aime *et qui
veut.* Par suite il est impossible de séparer l'acte volontaire de l'affection sensible qui le supporte et le
conditionne. Cette vérité est si frappante que M. le
D$^r$ Grasset y arrive finalement. « On se retrouve d'accord, écrit-il, dans l'*analyse clinique* pour admettre
à la base de l'obsession, comme élément fondamental indispensable, un état particulier, indépendant
de l'idée fixe et de l'émotion et *antérieur* à l'idée fixe
et à l'émotion. Le rapportant à sa cause, Magnan l'appelle terrain de déséquilibration et de dégénérescence ; d'autres l'appellent paranoia rudimentaire.
Pitres et Régis déclarent que tout le monde admet
un terrain prédisposé, préparé constitutionnellement,
sous des noms divers. C'est cet élément antérieur et
indiscuté que je précise un peu plus psychologique-
ment en le dénommant *faiblesse de la volonté* et
plus spécialement *trouble de la fonction de hiérarchi-*

*sation des motifs.* » Il serait préférable de faire une philosophie moins savante et de préciser la nature du terrain, la cause morbide de l'obsession, la base physiologique de la volonté. Pour nous, les troubles de la folie sont dus à une lésion des centres affectifs qui amènent l'inhibition ou l'affaiblissement de la volonté (1). Cette conclusion s'imposera tôt ou tard.

M. le Dr Grasset signale enfin des *paraboulies d'arrêt.* Il regarde le *négativisme* comme un trouble de la volonté. Il y a chez certains malades (aliénés) une véritable obstruction mentale qui met obstacle à toute réaction motrice. La question est de savoir si le mal n'est pas exclusivement d'ordre affectif : elle nous paraît positivement résolue. Tous les symptômes de l'aliénation mentale s'expliquent de la même manière. Le fou est dominé par une maladie du centre des appétits qui lui donne des impressions étranges et fausses et par voie de conséquence, dévie et égare la volonté. Le trouble n'est pas dans la volonté, il est dans l'organe sensible qui lui sert de base et d'instrument. Nous n'insistons pas davantage.

En résumé, dans cette grave question de la volonté, M. le Dr Grasset a exposé compendieusement son système philosophique assez discutable, sans nous donner la *physiopathologie* annoncée. Après comme avant son livre, nous ne savons pas le siège de la volonté, le centre cérébral (ou encéphalique) où cette

---

1. Dr S. *La Volonté ; La Folie.*

faculté peut s'exercer ou plutôt trouver son nécessaire substratum ; nous ne savons pas davantage l'anatomie pathologique des *délires*, des *obsessions*, de *l'aboulie*, de toutes les affections de la volonté, nous ignorons profondément la cause somatique de la folie.

Voilà une grave lacune de la science. C'était avec la secrète et ardente pensée de la voir enfin comblée que nous avions hâtivement ouvert le livre de notre savant confrère et scruté ses pages. Notre déception a été d'autant plus profonde et cruelle que nous n'avons trouvé, à la place des faits nouveaux que nous cherchions, qu'une doctrine philosophique peu sûre, incomplète et trop imprégnée du matérialisme de l'École.

Le second paragraphe de la troisième section a trait à *l'extériorisation de la décision*, au *passage à l'acte moteur*,

M. le professeur Grasset cherche d'abord à déterminer les *lois de l'extériorisation de la décision*. « A l'état normal, écrit-il, le second temps de la volition est extrêmement court et difficile à séparer du premier (la pathologie oblige à cette distinction). Dès que la décision est prise, la volition s'extériorise et alors le phénomène cesse d'être psychique et devient moteur : la décision s'exprime par le langage, la mimique, les mouvements. »

Il y a une relation évidente, nécessaire entre la sensibilité et le mouvement. Les actes de conscience qui sont *cérébralement* des actes sensibles ont tendance à se traduire au dehors par des mouvements, par des actes moteurs, de même que ces actes moteurs font naître l'état psychique correspondant. Cette loi n'est pas absolue, et M. Ribot l'a justement limitée au domaine de la volonté *sous sa forme impulsive ;* ce qui revient à dire qu'elle ne s'applique pas à la vie intime et réfléchie, aux actes de la raison. Comme le remarque judicieusement le Dr Grasset, « il y a des états de conscience qui n'ont pas de tendance à s'exprimer à l'extérieur : la sensation notamment, si elle reste sensation sans produire d'émotion. » Cette réserve est d'importance, et il y a lieu de s'y arrêter. Ce ne sont pas seulement les sensations simples qui échappent à la *loi réflexe* que tant de matérialistes déclarent universelle, qui ne sont pas destinées fatalement à se traduire par des actes extérieurs, ce sont encore et surtout les sentiments et les idées non seulement de l'ordre abstrait mais de la vie pratique. La sensibilité affective est très susceptible et relie vite les impressions aux actes, mais l'attention la surveille et la volonté est capable de la maîtriser avec l'aide de l'intelligence.

M. Ribot a classé les idées en trois groupes « suivant que leur tendance à se transformer en acte est forte, modérée ou faible, et même, en un certain sens, nulle. Le premier groupe comprend les états intellectuels extrêmement intenses, les idées *qui nous touchent,* c'est-à-dire qui s'accompagnent de phénomènes sensitifs (idées avec émotion, passion). Dans le deuxième groupe sont les idées courantes, ordinaires, à action extériorisante moyenne. Le troisième (action extériorisante minima) comprend les idées abstraites. »

Après ce que nous avons dit, il est facile de voir que la classification de M. Ribot est loin d'embrasser toutes les catégories d'idées. Mais M. Grasset s'en empare et l'utilise au profit de sa chère théorie. « Les impulsions les plus fortes, écrit-il, viennent du psychisme polygonal, les moyennes des deux psychismes unis et les plus faibles des centres O séparés et fonctionnant seuls. Ce qui revient à dire que la décision, une fois prise par O, passe par le polygone pour l'exécution ; le psychisme polygonal est ainsi bien plus près de l'acte moteur que le psychisme supérieur. Des deux actes psychiques dans lesquels nous avons dédoublé la volition, le premier (la décision) se passe en O, le second (l'extériorisation) se passe dans le polygone. »

On peut, on doit adhérer au sentiment de notre confrère sans épouser aucunement sa théorie, sans croire au dualisme cérébral qu'il imagine. Il est évident que l'acte premier, fondamental de la volition est d'ordre transcendant, spirituel, et que l'exécution consécutive d'ordre somatique s'opère dans l'écorce cérébrale, dans le polygone ou ailleurs. Nous ne parlons pas de O, car tant que le D<sup>r</sup> Grasset ne nous aura pas révélé *scientifiquement* son siège, il nous est impossible d'y croire. Toutefois nous estimons que l'acte volitif exige le concours d'un centre encéphalique *à déterminer*.

Faut-il admettre *divers types physiologiques suivant la force et la facilité d'extériorisation du psychisme?* M. le D^r Grasset n'en doute pas et pose ainsi les jalons de cette classification nouvelle : « Il y a des personnes dont les pensées s'expriment constamment par des actes, des gestes, des mots. On dit que nous sommes ainsi dans le Midi. Une manière rapide de se rendre compte de la chose, c'est de demander à un sujet ce qu'est une crécelle ou un objet compact ; si, avant même de répondre, il fait le geste d'un objet qui tourne ou qu'on tasse, c'est un *extériorisé.*

« C'est la puissance d'extériorisation du polygone qui a une grande importance. Les types à extériorisation polygonale facile sont ceux qui font bien tourner les tables et dirigent bien dans les expériences de cumberlandisme. J'ai dit ailleurs que les médiums ont des *polygones méridionaux* qui, facilement et vite, réalisent leur psychisme en actes moteurs. Mais il s'agit là déjà de l'extériorisation du polygone désagrégé ; ce qui n'est plus l'état physiologique, comme le tourneur de tables et le liseur de pensées.

« Le type physiologique inverse est froid, réservé, enfermé, ses pensées ne se traduisant ni par des mouvements, ni par la mimique. Ce sont les sujets à grande prédominance de O. Quoi qu'en dise Ribot, ces esprits abstraits et spéculatifs peuvent bien aussi être « pratiques », si leurs décisions sont sages et pratiques ; mais ils ne sont pas manifestateurs ni expansifs. »

Quelle psychologie simpliste ! Et comme la réalité

vivante est loin de ces faciles et vaines théories ! Les
hommes ne se partagent pas ainsi en deux espèces
tranchées : les expansifs et les concentrés. Les inter-
médiaires abondent. Les *apathiques* se rencontrent
partout. Le Nord fournit des *nerveux* comme le Midi.
Ce dernier a peut-être plus de *manifestateurs*, mais
le bruit ne tient pas lieu de besogne. N'insistons pas
sur ce gros et difficile problème des tempéraments
que nous avons traité ailleurs.

Ce que nous tenons du moins à remarquer, c'est
que la théorie du polygone ne suffit pas à éclairer la
question des médiums. Les merveilles du spiritisme
accusent non seulement la *dissociation encéphalique*
(qui n'a rien à voir avec le polygone), mais encore
le *fluide vital* ou *nerveux* que notre confrère de Montpellier met encore en doute : on trouvera un jour que
ces deux facteurs sont nécessaires et véritables (1).

Arrivons à la pathologie. M. le professeur Grasset
distingue l'*aboulie* de volition et l'*aboulie* d'exécution.
Dans la première, le sujet malade a du *non-vouloir*,
dans la seconde, il y a du *non-pouvoir :* il ne peut
pas extérioriser sa décision, la faire passer à l'acte
moteur. Cette variété n'est pas aussi simple que l'imagine notre auteur, si l'on en juge par la citation du
célèbre aliéniste Guislain : « Ces malades savent vouloir intérieurement, mentalement, selon les exigences
de la raison. Ils peuvent éprouver le désir de faire ;
mais ils sont impuissants à faire convenablement...

1. D$^r$ S. *Spirites et médiums ; Spiritualisme et spiritisme.*

le *je veux* ne se transforme pas en volonté impulsive, en détermination active. » Il est d'autant plus difficile de se rendre compte de cette forme morbide que les patients sont *aliénés* et que leur témoignage reste des plus obscurs et des moins garantis.

Un autre trouble du processus psychique d'exécution ou d'extériorisation de l'idée est l'*impulsion morbide*. Il est caractérisé « par un *motif* violent, impératif, donc d'une extrême force d'extériorisation, qui vient se substituer à tous les autres, les remplacer tous. » Mais, remarque notre auteur, « l'impulsion morbide est une chose ; l'impulse ou acte impulsif, qui en est l'aboutissement ordinaire *mais pas nécessaire,* en est une autre, qu'il ne faut pas confondre avec la première ».

L'impulsion n'est pas toujours et fatalement irrésistible (Pitres et Régis). Son caractère *brusque* et impératif supprime la délibération et *raccourcit* l'acte psychique de la décision. Elle se distingue de *l'obsession* parce que sa force d'extériorisation est beaucoup plus grande. Mais M. Grasset admet que « l'obsession devient impulsion quand elle *pousse* à l'extériorisation » : ce qui n'est pas pour faciliter le diagnostic différentiel. Notre confrère ajoute : « Comme la volonté peut arrêter, au lieu de provoquer un acte, il y a des *impulsions négatives* ou d'*arrêt,* comme il y a des impulsions positives et d'action. » Quant à l'origine de l'impulsion, elle serait « dans l'ensemble du psychisme ou dans le polygone ». Pourquoi lui fixer une localisation aussi vague ? Pourquoi ne pas la chercher plutôt dans l'organe affectif ? Est-ce que l'impulsion morbide ne résulte pas d'un soulèvement de la passion ? Et n'est-il pas plus rationnel de l'attribuer à un organe encéphalique plutôt qu'à « tout le psychisme », c'est-à-dire, si nous comprenons bien, à toute l'écorce cérébrale ? La cause de la folie n'est pas dans la connaissance, mais dans l'appétit. L'aliénation mentale est essentiellement un trouble de la sensibilité affective d'où dérivent l'altération de la volonté et le détraquement de l'intelligence.

Sous le nom d'*agitations* et de *manies mentales*, M. Grasset range « les formes *inférieures* et *diffuses* de cette exagération de la fonction psychique d'extériorisation, dont l'impulsion morbide est la forme *élevée* et *localisée* ». Telles sont l'exubérance avec optimisme (folie d'action), et, à un degré plus fort, l'agitation incohérente. On peut en rapprocher les agitations mentales systématisées (manies mentales), les agitations motrices systématiques (tics), les agitations motrices diffuses (crises d'agitation). Tout ce chapitre de pathologie mentale est indiqué par de nombreuses observations d'aliénés, mais il est encore *à faire* au point de vue anatomique.

## CHAPITRE IX

**Les centres psychiques de Grasset** (*suite*)


La quatrième section du premier chapitre se rapporte à l'*ensemble des fonctions psychiques générales*. C'est dire son intérêt et son importance.

Le cerveau, nous l'avons vu, est une synthèse :
c'est un organe complexe, mais essentiellement *un*
dans son admirable fonctionnement. M. le D$^r$ Grasset
l'admet et trace la *synthèse de la vie psychique normale* dans une page qui mérite d'être citée :

« L'analyse, nécessaire pour l'étude, aboutit à une
décomposition *artificielle* de ce qui, dans la vie normale, est associé. Cette analyse est utile parce qu'elle
permet de comprendre les effets de la maladie qui,
elle aussi, disjoint et dissocie le faisceau normal des
fonctions psychiques. Mais, pour ne pas trop s'écarter de la réalité des choses, il faut envisager maintenant l'ensemble reconstitué des fonctions psychiques
générales et les troubles pathologiques que peut présenter cet ensemble.

« Grande doit être l'unité fonctionnelle du système
nerveux, puisque c'est lui qui assure l'unité de l'être
vivant tout entier. Aussi la solidarité est-elle com-

plète entre les divers éléments du système nerveux. Spécialement entre les actes psychiques, il y a une action mutuelle indiscutable et constante.

« Les centres de réception qui, chronologiquement, entrent en jeu les premiers et par suite influent si fortement sur les autres centres, sont, à leur tour, puissamment influencés par les centres de réflexion et de volition : l'émotion est aussi souvent effet que cause. Les centres de réflexion, sollicités par les centres de réception, le sont aussi par les centres de volition, et interviennent, eux aussi, dans les fonctions de perception et d'extériorisation. Enfin les centres d'expression, qui paraissent devoir toujours entrer en scène les derniers, exercent souvent une action évidente sur le fonctionnement des centres d'élaboration psychique et même sur les centres émotifs.

« On peut même dire que l'être est d'autant plus normal et fort que cette unité et cette solidarité des diverses parties de son psychisme sont plus fortes et plus résistantes aux causes extérieures de dissolution. »

L'unité cérébrale qu'enregistre ainsi M. le D$^r$ Grasset se concilie mal avec le dualisme profond qu'il admet dans l'organe encéphalique. Mais elle est tellement évidente, si souvent vérifiée qu'elle lui paraît, comme à nous, incontestable. Ce qui l'est beaucoup moins, ce qu'il ne justifie nullement, c'est la division tranchée du cerveau en deux territoires spéciaux : le *polygone* et le *centre O*. D'autant plus que ce dernier n'est pas *localisé* et reste indéterminé, de l'aveu même de son inventeur.

Ne nous attardons pas à décrire avec notre auteur « les divers types physiologiques suivant la force et la stabilité de cette synthèse et suivant la prédominance de telle ou telle fonction psychique ». M. Grasset prétend que les individus bien équilibrés (type fort total) ne produisent guère. « Ils peuvent être de grands critiques » mais ne sauraient être de grands artistes, des poètes, des littérateurs, de grands savants. A ceux-là, il faut sans doute un peu de déséquilibration, un *grain de folie !* Notre auteur suit ici trop aveuglément l'opinion des maîtres du jour, il en arrive à reproduire sans critique, sans commentaire, la classification des *caractères* fournie par un philosophe, par Malapert. Il y aurait trop à dire sur ce sujet qui touche si étroitement à notre art. Bornons-nous à remarquer que les différents auteurs étrangers à la physiologie confondent sans cesse le *tempérament* et le *caractère*. On doit nettement les différencier : « Le premier est la base du second, qui le domine de toute la hauteur de l'âme spirituelle. » M. le professeur Grasset aurait pu le rappeler à propos aux psychologues qui font de la philosophie *sans âme* tout en ignorant profondément le terrain biologique.

La pathologie a toutes ses préférences ; mais quelle lumière lui apporte-t-elle ici ? Il affirme que les maladies mentales sont « des syndromes correspondant à l'ensemble complexe de toutes les fonctions psychiques générales », mais n'en donne pas des exemples heureux, des preuves convaincantes. Il cite la *manie*, que le vénérable Esquirol a définie « une affection caractérisée par la perturbation et l'exaltation de la sensibilité, de l'intelligence et de la volonté ». Or, tous les aliénistes sont aujourd'hui d'accord pour reconnaître que l'antique *manie* ne répond à rien de réel et qu'elle comprend un certain nombre d'états morbides spéciaux et très différents. Le jour n'est pas éloigné où la science renoncera à ce mot et à toute la classification des premiers maîtres basée uniquement sur une psychologie fantaisiste (1).

L'exaltation maniaque qu'admettent encore les auteurs s'observe dans un grand nombre de psychoses, dans la paralysie générale, chez les déséquilibrés, dans la phase d'excitation des *folies alternantes* : elle n'est pas expliquée. Il en est de même du *déséquilibre* qui fait le fond de l'esprit mental des dégénérés, mais ici la lésion de *toutes* les fonctions psychiques ne nous paraît nullement établie.

La *démence*, qui a des formes et des degrés si divers (démence sénile, paralytique, vésanique, etc.), accuse une déchéance, un affaiblissement graduel des facultés mentales, mais qui nous en dira la cause ? Elle se rapproche par ses caractères de l'*idiotie* qui, elle, est congénitale. L'observation des malades déments ou idiots est pleine de difficultés, et les autopsies n'ont pas encore livré le secret de leurs misères.

1. Cf. Dr S. *La Folie*. Sueur.

M. Grasset signale encore la *période de dépression* des *folies alternantes*, la *débilité mentale*, la *psychasthénie*. M. Pierre Janet, qui a décrit cette dernière forme, la caractérise par « l'abaissement permanent de la *tension psychologique* ». M. le professeur Grasset s'en tient à cet avis, nous allions dire à ce *mot* du maître. Est-ce assez pour définir un état morbide et nous fixer sur la pathologie cérébrale? Et n'a-t-on pas l'impression d'un grand vide ou plutôt d'une grande ignorance ?

Le second paragraphe du D<sup>r</sup> Grasset est consacré aux *fonctions psychiques particulières* et comprend trois sections : 1° les fonctions psychiques relatives à la conservation et à l'accroissement de la vie individuelle ; 2° les fonctions psychiques relatives à la conservation et à l'accroissement de la vie sociale ; 3° les fonctions psychiques relatives à la conservation et à l'accroissement de la vie de l'espèce.

La première section se subdivise en trois paragraphes : 1° les perceptions (sensations et émotions) que chacun a de soi et de sa vie ; 2° les idées que chacun a de soi et de sa vie ; 3° les volitions que chacun a pour soi et pour sa vie.

Avons-nous le sens de l'existence? Le sentiment de l'existence de notre corps ou ce que les savants dénomment *cénesthésie* existe-t-il? La question est discutable. En tous cas, ce sentiment est obscur, confus, mal défini. Henle y voit la *conscience du moi physique* et y comprend « toutes les sensations endogènes que nous avons de notre corps et de ses organes ».

Dans ces termes, c'est incontestablement la *conscience
sensible,* le *sens commun* des anciens, qui préside à
la vie animale. Il reste à connaître son siège· exact,
ses relations organiques, son fonctionnement encéphalique.

M. le Dʳ Grasset ne s'y arrête pas et se borne à invoquer sa théorie. « La plupart des impressions centripètes, venues de diverses parties du corps, ne
dépassent pas en général, écrit-il, les neurones des
réflexes et ¦de l'automatisme. Mais la maladie les fait
souvent parvenir à la conscience. Même à l'état physiologique, leur exagération en fait percevoir un certain nombre par O : tels sont la faim, la soif, les
besoins d'évacuation, les sensations organiques, etc.»
Franchement, nous avons peine à saisir le rôle de O,
c'est-à-dire de l'*esprit* dans ces sensations brutales·
Il suffit d'être un *animal* pour les éprouver, et nous
ne pensons pas que notre confrère dote le cerveau des
bêtes d'un centre O. La conscience intellectuelle n'a
pas besoin d'intervenir dans les actes où la *conscience
sensible* s'exerce dans toute sa puissance. Il n'y a là
rien de *psychique,* à moins qu'on ne confonde la *sensibilité* avec le *psychisme,* comme le fait malheureusement notre maître de Montpellier.

Arrivant aux *émotions relatives à l'individu,* le
Dʳ Grasset ne les élucide pas mieux que les sensations.
« Le plaisir et la douleur, écrit-il, sont une suite banale
de sensations quelconques. La *joie* et la *tristesse*
constituent des émotions spéciales, relatives à la vie
individuelle. » En vérité nous ne faisons pas une dis

tinction si tranchée, si absolue entre le plaisir et la joie, entre la douleur et la tristesse (1). Est-ce que le plaisir et la douleur ne sont pas très *personnels*, ne se rapportent pas nettement à la vie *individuelle?* Sans doute la joie et la tristesse se distinguent par un élément intellectuel, mais elles ne se rattachent pas moins que le plaisir et la douleur à la vie affective. Or, M. le D$^r$ Grasset nous paraît méconnaître quelque peu ce dernier caractère qui est essentiel.

« La joie, dit-il, est une émotion causée par les impressions qui maintiennent ou accroissent notre vie, au moins transitoirement, *ou que du moins notre psychisme juge de nature à maintenir ou à accroître notre vie.* La tristesse est une émotion causée par les impressions *qui paraissent au psychisme amoindrissantes de notre vie. Ce jugement,* ordinairement très rapide, *d'utilité ou de nocivité vitale d'une impression se fait dans les centres O,* qui puisent leurs éléments d'appréciation dans l'expérience et dans l'instinct.

« Si O intervient dès le début, si les impressions provocatrices arrivent immédiatement jusqu'en O, qui les apprécie et éprouve ensuite joie ou tristesse, c'est une joie ou une tristesse *raisonnée,* basée sur des motifs *conscients.*

« Les impressions peuvent aussi n'arriver qu'au polygone ; leur nature biogène ou biofrénatrice n'est alors appréciée que par le psychisme inférieur. Auto-

---

1. D$^r$ S. *La Vie affective.* Villc.

matiquement, se font alors dans le polygone et dans tous les autres neurones émotionnels (vaso-moteurs notamment) les associations habituelles aux impressions biogènes ou biofrénatrices. Et alors, sur ces *motifs inconscients*, après ce premier acte psy-chique automatique, l'entier psychisme entre en scène et s'en réjouit ou s'en attriste. »

L'explication du D<sup>r</sup> Grasset est étendue et complète. Vous satisfait-elle ? Elle ne contente pas du moins son auteur même qui écrit mélancoliquement : « La question de la joie et de la tristesse n'est pas entiè-rement élucidée par ces considérations, très analogues à celles émises par Maudsley, que Georges Dumas déclare constituer une explication « aussi confuse que « rapide.» Rien n'est plus vrai. Mais comment s'éton-ner d'un pareil insuccès, lorsqu'on confond ensemble la sensation et l'émotion, la connaissance et l'appétit?

L'échec devient retentissant quand on prétend comme le D<sup>r</sup> Grasset faire rentrer dans la physiolo-gie cérébrale les idées les plus élevées et les senti-ments les plus nobles de l'homme. Notre confrère n'est pas matérialiste : il reconnaît certes que « l'émo-tion esthétique n'est pas un simple phénomène physiologique ». Pourquoi ne s'en tient-il pas là prudemment ? « Si l'élément biologique n'est pas tout dans l'émotion esthétique, il existe cependant », ajoute-t-il. D'accord ; mais pourquoi aborder un ter-rain qu'on ignore ? Pourquoi imaginer ce qu'on ne sait pas ? Entre l'élément physiologique *qu'on n'a pas découvert* et l'élément psychologique qu'on connaît parfaitement, ne peut-on pas ou mieux ne doit-on pas se contenter d'admettre un lien incontestable, se borner à tenir *les deux bouts de la chaîne* dont parle si bien Bossuet? Ce procédé est tout indiqué, et plus sûr que celui du biologiste qui applique sa prétendue science à la psychologie et traite la question comme un aveugle parle des couleurs.

« Les impressions de nature à accroître la vie de l'individu, dit le Dʳ Grasset, développent aussi, quand elles atteignent un certain degré, une véritable *attirance*, consciente et volontaire ou inconsciente et automatique. L'organisme a une affinité attractive pour tout ce qui lui est utile. De là, l'*affection*. Mais la vie de l'homme n'est pas tout entière dans son existence physique. Il y a aussi la vie psychique de l'individu. On se sent également attiré vers ce qui est de nature à développer cette vie psychique. Si l'impression dynamogène psychique atteint un certain degré, *elle devient ce qu'on appelle le beau ;* si le sujet a un psychisme suffisamment développé, elle provoque chez lui une *émotion esthétique ;* l'attirance devient alors de l'admiration. »

Arrêtons-nous là pour conclure, avec notre auteur même, que de telles considérations sont incomplètes, insuffisantes, et que « la notion de réel et d'idéal, dépassant l'élément biologique, est indispensable pour constituer vraiment le beau ». Alors, demanderons-nous, pourquoi aborder un problème qu'on ne peut *physiologiquement* résoudre ?

Comme contre-partie de l'émotion esthétique (*hor-*

*reur du laid*), M. le D<sup>r</sup> Grasset étudie la *répulsion
pour ce qui domine la vie, pour le nuisible*, qui engendre la *peur*. Ce n'est pas là un phénomène morbide,
« c'est un *élément psychique normal*, physiologique ».
En connaît-on la nature ? Il n'y a qu'à lire notre confrère
pour se convaincre de notre profonde ignorance.
« L'homme physiologique a peur, dit-il, et *la peur est
nécessaire à la conservation et à la défense de son existence*. C'est le phénomène psychique que fait naître la
connaissance d'un objet dangereux ou nuisible et qui
fait naître les actes nécessaires pour éviter ou combattre cet élément nocif. C'est un élément psychique
normal de défense. La peur est un *acte psychique central*, une émotion consécutive à une impression. Le
travail central peut se faire dans l'entier psychisme
(O compris): c'est la peur raisonnée ; il peut se faire
surtout dans le polygone et ne se révéler qu'à la fin
à O, qui éprouve la peur sur des motifs inconscients :
c'est la peur non raisonnée... Il ne faut confondre la
peur ni avec l'impression qui la cause, ni avec les actes
qui l'expriment, ni même avec les phénomènes physiologiques qui l'accompagnent et qui ont été très bien
étudiés dans ces derniers temps. » Nous sommes bien
renseignés. La peur est, paraît-il, un acte psychique
*central*, c'est-à-dire qu'elle n'a pas son siège au pied
ou à la main. Les anciens étaient aussi avancés que
nous : ils n'ignoraient pas que la peur était à la tête.
L'important serait d'approfondir un peu le problème
et de savoir quel est le centre *encéphalique* de la peur
et de toutes les passions.

M. Grasset l'ignore et ne s'aventure pas à établir *des types physiologiques suivant l'intensité des perceptions que chacun a de soi et de sa vie*. « Ce groupe, dit-il, est un peu artificiel et difficile à constituer, parce que, dans la vie normale, les *perceptions* que l'on a de soi sont impossibles à séparer des *idées* que l'on a de soi. » Mais pourquoi admettre des sujets *à peur inférieure, polygonale* et des sujets *à peur supérieure, raisonnée ou mentale?* Est-ce que l'humanité se partage ainsi ? Et la peur ne reste-t-elle pas toujours une passion *animale*, en rapport avec les facultés supérieures, mais profondément ancrée dans notre nature sensible ?

La pathologie est encore moins claire que la physiologie. Les phénomènes d'*autoscopie* qu'ont prétendu révéler Comar et Sollier ne sont nullement garantis. M. le D$^r$ Grasset en fait état sans aucune réserve, alors que tout le problème gît dans l'interprétation. Certains malades (hystériques surtout) *voient-ils* l'intérieur de leur corps, la disposition et l'anatomie de leurs organes ? C'est très douteux, et nous estimons avec un grand nombre de maîtres qu'il n'y a là qu'un trouble d'imagination, une hallucination et l'inévitable suggestion. La *cénesthésie* ne serait donc pas en cause.

Un autre trouble, plus vérifié, est la sensation fausse de maladie, l'hypocondrie, qu'il ne faut pas confondre avec la peur de la maladie. « L'hypocondrie, dit M. Grasset, est bien vraiment un trouble de la cénesthésie : le sujet se *sent* malade ; c'est une erreur

de sa cénesthésie, puisque réellement il n'est pas
malade. C'est plutôt une illusion qu'une hallucination,
parce que le plus souvent le sujet interprète *mal*
des sensations endogènes *vraies*. Cette sensation de
maladie peut faire naître chez le sujet une émotion,
un certain degré d'angoisse et de phobie; *mais ce
trouble de l'émotion n'est pas indispensable à la constitution de l'hypocondrie.* » Ce sentiment du maître
nous paraît discutable, car au fond de toute hypocondrie il y a un trouble *affectif* qui commande le
mal.

A un degré inférieur, M. Grasset signale le *mécontentement de soi.* « Sans se sentir une maladie, écrit-
il, on se sent mal à l'aise, on s'observe, on se cherche
des sensations morbides, on consulte les médecins,
on évite les causes présumées de maladie; ce sont
des *timides de la santé...* De ce symptôme, il faut
rapprocher son contraire, beaucoup plus important:
l'*euphorie*, contentement exagéré du moi physique
(l'*optimisme* étant plutôt le contentement exagéré du
moi personnel total). Ces malades ne craignent rien,
se trouvent mieux que jamais, ne veulent pas consulter de médecin, ni prendre les précautions les
plus élémentaires, ils sont indifférents au milieu
physique ou le méprisent; ils bravent tout et le disent.

« En dehors de la pathologie mentale, l'euphorie
partielle appartient, comme symptôme, à la plupart
des maladies graves, spécialement à la tuberculose.
En pathologie mentale, l'euphorie fait partie de l'optimisme des paralytiques généraux, de la mégaloma-

nie, de la manie, des périodes d'excitation de la folie circulaire... Ces troubles cénesthésiques se compliquent le plus souvent de trouble émotionnel : le mécontent de soi est triste et l'euphorique gai. » Précisément la question est de savoir si la gaîté de l'euphorique n'est qu'une complication, alors qu'elle est primitive et constante. Il semble que le mal soit proprement d'*ordre affectif* et que les autres troubles psychiques n'en soient que le nécessaire retentissement.

Notre auteur mentionne encore des troubles de l'*instinct de nutrition* (tantôt augmenté, tantôt diminué, parfois perverti), des troubles de la fonction kinesthésique, avant d'arriver à l'étude des *troubles des émotions*. Ce sont d'abord *la joie et la tristesse morbides*. La *mélancolie* est le type le plus commun. Comme le dit Anglade, « c'est une affection de la sensibilité morale ; elle ne devient que secondairement une maladie de l'intelligence ». Rien n'est plus juste. Malheureusement la science ne nous donne pas la raison *encéphalique* de la mélancolie qui peuple nos asiles d'aliénés.

Les troubles de l'*émotion esthétique* s'observent souvent dans ces asiles. « Elle est très habituellement et très rapidement diminuée dans les états mentaux. Les manifestations artistiques que l'on observe et que l'on a spécialement étudiées dans ces derniers temps chez certains aliénés, sont superficielles, incomplètes, anormales. » Notre auteur ajoute avec raison : « Tous les génies, même tous les vrais supérieurs intellectuels ont de l'hyperémotivité esthétique. Cette hyperémotivité esthétique est-elle morbide ? est-elle la manifestation d'une névrose ou d'une psychonévrose, épilepsie (Lombroso) ou autre ? Je ne le crois pas. Cette hyperémotivité esthétique ne dépasse pas les limites d'un *tempérament,* très fortement développé dans ce sens, décelant par suite un certain degré d'hérédité névropathique, *mais rien de plus.* »

Les troubles de la *peur* constituent la vaste classe des *phobies.* « La peur, même exagérée, observe le D' Grasset, reste physiologique et ne constitue qu'un tempérament, et non une maladie, tant que, à une intensité quelconque, elle reste *logique*, parallèle et proportionnée aux impressions qui la causent et n'entraîne pas de réactions anormales vraiment morbides (*angoisse*).

« Il y a vraiment deux ordres de troubles morbides de la peur : l'*hypophobisme* et le *paraphobisme* (constitué par les *phobies*). »

L'*hypophobisme* consiste moins à *ignorer* le danger qu'à ne pas le *comprendre*. Il met les gens sans défense vis-à-vis des périls que la peur leur ferait éviter. On l'observe « dans l'euphorie, l'optimisme, la satisfaction de soi et la confiance en soi maladives du paralytique général, de certains mégalomanes, des névrosés fanfarons ».

M. Grasset décrit ainsi le *paraphobique* ou *phobique :* « Il a une peur exagérée de *certaines* choses; l'ordre de ses phobies n'est en rien l'ordre logique des impressions dangereuses pour son organisme. Il a peur à contre-temps, même quand il a peur de tout, l'émotion n'est pas, dans chaque cas particulier, proportionnelle à la valeur terrifiante de l'objet. De plus (et c'est là le caractère capital), la peur dans ces cas est *angoissante* et *paralysante*. Elle ne provoque pas, comme à l'état normal, de sages mesures de défense ; elle est plutôt inhibitrice et frénatrice que dynamogène. Elle fait suer le sujet, lui serre la poitrine, le fait flageoler sur ses jambes ou le contracture, ou, si même elle lui fait fuir le danger, il le fuira maladroitement et follement. C'est en cela que cette peur est *maladive*. La *phobie* n'est pas la peur, c'est la peur morbide.

« Le fait important à constater et à traiter chez ces malades, ce n'est pas la phobie particulière d'une chose ou d'une autre, d'une place publique, d'un espace clos, d'une verticalité ou du chemin de fer, c'est l'*état de psychisme* qui fausse la peur et, de cette émotion physiologique, fait une émotion morbide : c'est le *phobisme* ou *trouble paraphobique*. Ce phobisme comprend et produit toutes les *phobies* particulières. » La description est de main de maître ; mais ce qui manque ici comme toujours, c'est l'*anatomie pathologique*, c'est la cause somatique du mal. Qui nous la dira ?

Le second paragraphe de la première section concerne les *idées que chacun a de soi et de sa vie*.

La conscience donne l'idée du *moi*. C'est une notion fondamentale, essentielle de la psychologie, et nous sommes heureux de constater que M. le professeur Grasset l'admet sans verser dans les invraisemblables erreurs du sensualisme. « L'idée que chacun a de soi, écrit-il, a ses origines dans les impressions endogènes de l'individu. *Mais elle n'est pas la suite fatale et nécessaire de ces impressions.* Le psychisme du sujet intervient puissamment dans la constitution de cette idée. Pour les mêmes impressions, deux sujets n'ont pas de soi la même idée. La différence est encore plus grande, si l'un d'eux a un trouble du psychisme.

« La cénesthésie (impressions venues du moi physique) est une source importante pour la constitution de l'idée de soi. *Mais ce n'est pas la seule.* L'idée du moi complet et vrai comprend le moi *psychique* comme le moi *physique ;* elle se constitue donc *avec des faits de conscience* comme avec des impressions cénesthésiques. Sans en discuter ici l'origine, nous avons tous l'idée très nette de *l'unité* du moi total... Chacun de nous oppose le moi au non-moi et distingue le moi de ses semblables (autres hommes).

« Cette unité, *sentie* et *réelle,* du moi n'exclut en rien la complexité de l'individu. A tous les degrés de l'échelle des êtres, on retrouve l'unité et la complexité unies. C'est vrai depuis l'homme jusqu'à l'amibe, jusqu'à la cellule, jusqu'à la molécule, jusqu'à l'atome lui-même. *Unité* n'est pas synonyme de *simplicité.* L'idée du moi total, ainsi compris, est l'idée de *personnalité* : chacun de nous n'est pas seulement un individu physique, c'est une *personne,* c'est-à-dire un individu humain avec son entier psychisme. »

Il y aurait beaucoup à glaner, et il y a beaucoup à admirer dans cette belle profession de foi qui s'oppose si nettement à l'enseignement de tant de nos maîtres et qui, ajoutons-le plus bas, rectifie bien des assertions hasardées de notre confrère même. Pourquoi, suivant cette heureuse veine, n'a-t-il pas cherché à expliquer *physiologiquement* l'unité frappante de la conscience ? La tâche est difficile ; mais nous ne la croyons pas impossible, puisque nous l'avons abordée (1). En tout cas, le consensus des différents organes de l'encéphale ne nous paraît pas contestable. Et M. le Dʳ Grasset est vraiment mal fondé à défendre le dualisme du *seul* cerveau en présence de l'unité psychique qu'accuse la conscience. « Le moi physiologique, écrit-il, est conscient : *c'est une idée de O.* » Toute l'introspection proteste contre cette audacieuse affirmation que notre confrère regrette d'avoir émise, puisqu'il s'empresse de la corriger : « La notion de personnalité est formée et réside dans les centres psychiques *complets* (centre O compris). »

Peut-on admettre des *types physiologiques suivant la force de l'idée du moi et de l'idée de personnalité?* M. Grasset le croit : « L'idée qu'un sujet a de soi peut plus particulièrement influer sur sa manière de *sentir* ou sur sa manière de *vouloir.* Dans le premier groupe, nous avons, comme imprégné d'une *forte* idée de soi, l'*égoïste* sous toutes ses formes et à tous

---

1. Dʳ S. *La Conscience* ; *La Volonté.*

ses degrés, tandis que le sujet à idée *faible* de soi
sera plutôt altruiste. Dans le deuxième groupe, le
type à idée *forte* du moi et de sa personnalité est
l'individualiste, personnel, qui ne se laisse pas diriger, prend de l'influence, autoritaire : c'est un *berger*. Le type à idée *faible* du moi et de sa personnalité est au contraire un *grégaire*, un malléable, ne
demande qu'à s'appuyer et à se laisser diriger. Au premier de ces deux derniers types se rattachent le vaniteux, l'orgueilleux ; au second, l'humble, le modeste,
le timide. » Est-il besoin de remarquer que la réalité
n'offre pas ces types tranchés et définitifs, parce que
théoriques ? Les *caractères* sont variés et changeants :
s'ils plongent leurs racines dans le *tempérament*, ils
sont essentiellement sous la dépendance de la *volonté*, et par suite réformables. Voilà ce que l'observation révèle et ce que M. Grasset n'aurait pas dû
oublier (1). La physiologie ne nous donne pas *tout*
l'homme : elle se double et se complète toujours par
la psychologie.

La pathologie ne nous livre pas la clef de la physiologie cérébrale, toujours si compliquée et si obscure :
on le voit dans l'étude de l'idée du moi diminuée ou
exagérée par le mal. M. Grasset décrit en ces termes
*l'égoïsme et la timidité morbides* : « La timidité
devient morbide quand elle s'accompagne d'*angoisse*
et devient vraiment une *phobie* ; le trouble émotif
devient un trouble de la volonté : il y a obsession...
Les actes psychiques disparaissent en général chez

_______

1. D* S. *Le Tempérament ; La Volonté*.

le mental, du plus élevé et du plus altruiste au plus personnel et au plus abaissé. Les émotions relatives au moi persistent les dernières et prennent de plus en plus d'importance. Aussi l'égoïsme est-il un symptôme capital, à peu près constant, des psychoses et même des névroses en général. Cet égoïsme prend d'ailleurs des teintes variées, comme s'exprime Seglas : telle l'autophilie soupçonneuse et vindicative, le caractère égocentrique du délirant systématique, l'indifférence distraite du mélancolique, de l'hypocondriaque, l'apathie du dément, la négligence du paralytique, la fourberie du raisonnant, l'hypocrisie de l'imbécile, le sans-gêne du maniaque. » Sans mettre en doute cette symptomatologie, il est permis d'observer que l'égoïsme n'appartient pas seulement aux malades, qu'il est le lot des bien portants. Nous portons tous au fond du cœur une dose épaisse, inépuisable d'égoïsme ; et il n'y a que la religion qui apprenne à combattre et à vaincre ce monstrueux mais trop naturel penchant. D'ailleurs M. Grasset qui le constate ne nous dit ni sa cause ni son siège : il laisse sans doute ce soin... aux savants de l'avenir.

Il n'explique pas davantage l'*optimisme*, les *idées de grandeur* qu'on observe dans le délire ambitieux systématisé (*mégalomanie*), dans la paralysie générale, etc., ou à l'opposé le *mécontentement de soi* (psychasthéniques, scrupuleux), les idées d'*amoindrissement*, les idées de *négation ou de transformation* partielle ou totale du moi qui sont si répandues dans les asiles.

A ces idées tristes et obsédantes s'associent vite
les *idées de persécution*. La caractéristique de tels
malades, c'est l'orgueil, l'autophilie, l'*égocentrisme*
qui les amène à tout ramener à leur personne, à leur
moi. Plusieurs ne cherchent même pas au dehors la
cause de leurs maux, ils « se considèrent comme la
cause de la triste idée de soi qu'ils ont » : ce sont des
*persécutés auto-accusateurs*. On décrit très bien leur
affection, mais on ignore profondément sa cause encéphalique : ce qui rend bien superficielle la *physiopathologie* des centres cérébraux.

La personnalité est une, entière, elle ne se scinde
pas : elle accuse l'âme spirituelle. Elle ne résulte
pas de notre organisation, même cérébrale, elle en
est vraiment la cause. Il n'est donc pas permis d'intervertir les rôles de l'esprit et du corps ni surtout
de supprimer l'âme dans cette fonction supérieure,
comme le fait M. Grasset. « Tout individu, écrit-il,
n'a qu'une personnalité *physiologique*, vraie et normale, formée de l'ensemble et de la synergie de tous
ses centres nerveux, *aboutissant à l'idée du moi
conscient.* » Le moi conscient n'est pas un terme ni
une résultante, c'est un principe, c'est l'âme prenant
connaissance de ses opérations (1).

« On peut, continue notre auteur, *sans maladie
mentale,* c'est-à-dire sans trouble morbide de O, voir
se développer des dédoublements, altérations ou
transformations de la personnalité (hypnose, transe

---

1. D<sup>r</sup> S. *La Conscience.*

des médiums). Dans ces cas, la personnalité vraie, supérieure, n'est pas modifiée ; mais il surgit des personnalités anormales, *polygonales*, après désagrégation suspolygonale. C'est cette personnalité polygonale qui est modifiée, transformée par l'hypnotiseur ou qui se transforme spontanément chez le médium. Dans tous ces cas, il y a suspension momentanée de l'idée de personnalité, sommeil de O ; mais, au réveil, tout rentre dans l'ordre : il n'y a pas eu trouble *morbide* de l'idée de personnalité. » La réalité est beaucoup plus simple, et M. Grasset s'y rendrait facilement, s'il n'était poursuivi, dominé par sa théorie. Il n'y a pas plusieurs personnalités, plusieurs personnes, *il n'y a qu'une personne*. Ce qui se dédouble dans l'hypnose, dans la transe médiumnique, ce n'est pas la personne, *c'est le système encéphalique* (1). » Le fait est certain, si son mécanisme nous échappe encore. Il est si peu extraordinaire qu'il se produit tous les jours, pour chacun de nous, dans le sommeil : comment notre confrère ne l'a-t-il pas vu ? Alors le *moi* s'éclipse pour faire place au *sous-moi*, mais la personnalité reste la même. Nous avons proposé naguère une *théorie du sommeil* (2) qui nous paraît très bien rendre compte de ce partage.

Après les réserves que nous avons posées, les troubles de la personnalité ne sauraient nous retenir longtemps. On les répartit en quatre espèces : *aliénation* de la personnalité, *alternance* de deux personnalités,

1. Dʳ S. *Le Sous-Moi ; La Volonté.*
2. Dʳ S. *Le Sommeil.*

*substitution* d'une personnalité à l'ancienne qui ne disparaît pas, *affaiblissement* de la notion de personnalité. Dans tous ces cas, c'est le *moi* et le *sous-moi* qui se substituent ou s'opposent l'un à l'autre dans l'encéphale désorganisé et surtout déséquilibré : la personne humaine reste entière, mais perd par moments ou toujours conscience d'elle-même.

Le troisième paragraphe de la première section est consacré aux *volitions que chacun a pour soi et pour sa vie.*

C'est en quelques lignes que M. le Dr Grasset traite la grave question de la volonté. « Les impressions que chacun a de soi et l'idée de soi qui en résulte chez chacun, écrit-il, sont naturellement le point de départ d'une série de volitions conservatrices et défensives du moi. La volonté de vivre et d'accroître sa vie et, dans ce but, de s'adapter au milieu, d'y éviter les éléments nuisibles ou d'en pallier les effets fâcheux, de rechercher les éléments utiles ou d'en amplifier les heureux effets est une de nos plus puissantes règles de conduite, un de nos plus efficaces motifs d'agir. » Voilà qui est plein de sagesse et de philosophie, mais qui ne nous éclaire guère sur le fonctionnement encéphalique et sur le siège de la volonté (1). C'est une *page blanche* au point de vue scientifique.

Ne nous arrêtons pas à considérer les problématiques *types physiologiques suivant la force de la*

_______

1. Dr G. *La Volonté.*

*volonté de vivre et d'accroître sa vie* et voyons si la *physiopathologie* nous apporte quelque enseignement.

M. Grasset signale chez les *mentaux*, c'est-à-dire chez les fous, des *impulsions de défense*. Les malades ont des idées de défense *active :* « conceptions délirantes attribuant une portée particulière à certains actes bizarres qu'exécute le malade et qui ont pour lui la signification d'une défense contre ses ennemis » (Seglas). Comme ses idées se rattachent à des idées antérieures de persécution, les *persécutés* deviennent *persécuteurs*.

A l'opposé, il faut noter des *impulsions de destruction partielle ou totale* dans lesquelles l'instinct d'accroissement et même de conservation de la vie personnelle se trouve affaibli ou même supprimé. « Les actes (auto-vulnération, auto-mutilation, suicide) accomplis sous l'influence de cet état peuvent être délibérés et certainement exécutés (persécutés, mélancoliques, mystiques) ou, au contraire, rapidement, brusquement et inconsciemment exécutés sous l'influence d'une impulsion irrésistible (épilepsie). »

Dans l'une et l'autre alternative, la folie n'est pas contestable, et on en analyse très exactement les symptômes. Mais c'est tout. Pas plus que les autres maîtres, M. le professeur Grasset ne nous révèle la cause de la folie; pas plus qu'eux, il ne nous éclaire sur le rôle fonctionnel de l'encéphale, sur le siège des facultés sensibles, sur le *substratum* organique de l'intelligence et de la volonté, ces deux facultés

spirituelles qui sont notre privilège et notre honneur. Décidément la *physiopathologie des centres
nerveux* reste à faire.

La seconde section du second chapitre du D^r Grasset est consacrée aux *fonctions psychiques relatives
à la conservation et à l'accroissement de la vie sociale.*
A cette vie correspondent des actes psychiques qui
se divisent en deux groupes : 1° les actes psychiques
de l'homme en société : *actes psychiques sociaux ;*
2° les actes psychiques des sociétés d'hommes : *actes
psychiques collectifs.* Notre collègue, il est bon de le
rappeler, ne sort pas ou plutôt prétend ne pas sortir
du terrain biologique. N'est-ce pas une preuve que ce
terrain biologique est vaste comme l'homme même ?...
ou que les physiologistes ont de l'audace et ne doutent de rien ?

*Actes psychiques sociaux.* — M. le D^r Grasset n'accepte ni le *socialisme* qui subordonne l'individu à la
collectivité, ni l'*individualisme* qui supprime les
devoirs de l'individu vis-à-vis de la collectivité, ni le
*dogmatisme social* qui pose l'existence de la société
comme antérieure et supérieure à celle de l'individu.
« L'idée sociale fondamentale, écrit-il, est l'idée de
l'inégalité physique et psychique et de l'égalité morale
de tous les hommes, c'est-à-dire l'égalité des devoirs
et des droits chez tous avec inégalité des moyens
reçus par chacun pour remplir ces devoirs et utiliser
ces droits ; c'est l'idée de la hiérarchie naturelle et
logique dans laquelle, sans privilèges ni faveurs,
chacun occupe la place que valent ses aptitudes et

aide son voisin à occuper la sienne... Sergi l'a dit :
« Il faut un frein aux appétits, une modération aux
impulsions. » C'est ce frein salutaire, cette règle de
conduite indispensable à la société que nous donnent
les idées morales et religieuses.

« J'ai essayé de démontrer ailleurs (*Limites de la
Biologie*) qu'on ne peut identifier la société humaine
aux sociétés animales et que la sociologie ne peut
pas se ramener à la biologie. La société humaine n'est
pas un troupeau. Les associations animales reçoivent
leur chef de la nature ou de l'homme, tandis que la
société humaine, quand elle se laisse conduire, choi-
sit du moins son berger, le discute, le remplace...
Je suis, sur ce point, de l'avis de Bouglé qui soutient
« l'infécondité de la sociologie biologique » et de Tarde
qui, d'après Espinas, a coupé « le cordon ombilical,
qui tenait la sociologie avec la *biologie*... »

« La question sociale n'est soluble qu'avec l'*idée du
devoir*, qui relie les individus entre eux et à la société...
Il faut proclamer avec Brunetière que « la question
sociale est une question morale ». Décidément notre
confrère est un bon moraliste et ferait un parfait
législateur. Ah ! si le Midi ne nous envoyait que des
députés comme l'honnête Grasset !...

Sa candeur est grande et paraîtra extrême à plusieurs. N'écrit-il pas : « *Quelles que soient les opinions
philosophiques de chacun, tout le monde admet, en
fait, que les idées morales et religieuses sont les lois
de la conduite de l'homme, comme les idées métaphy-
siques sont les lois de son raisonnement. Ces idées*

morales et religieuses doivent donc être mentionnées dans une étude physiopathologique comme celle-ci et dans ce chapitre spécialement, parce qu'elles régissent surtout la vie en société. » Notre confrère retarde sur le monde, sur les Chambres surtout, et nous l'en félicitons. Il n'aurait aucune chance d'être élu en mettant de tels principes sur son programme, mais il a droit à l'estime publique en les professant.

« Les lois qui doivent gouverner la conduite sociale et politique de l'individu, écrit-il, peuvent être groupées derrière les cinq idées suivantes : 1° l'idée de devoir et de droit chez soi et chez autrui, le devoir comportant l'obligation et le droit nécessitant la liberté ; 2° l'idée du respect nécessaire de la vie, de la propriété et de la liberté d'autrui, c'est-à-dire du respect chez autrui de ce que l'on tient à voir respecter chez soi par les autres ; 3° l'idée de la responsabilité de chacun vis-à-vis de la société, quand il se soustrait aux devoirs sociaux ; 4° à ces idées purement morales qui obligent chacun à la *justice* vis-à-vis de ses semblables beaucoup ajoutent l'idée de *bienveillance*, de pitié dues par chacun à ses semblables et arrivent à cette formule religieuse qu'on doit aimer son prochain comme soi-même ; 5° dans ce même ordre religieux, certains ajoutent enfin que chacun a la responsabilité de ses actes, non plus seulement devant la société, mais devant Dieu. » Ces conclusions sont les nôtres, mais nous ne les croyons pas *physiologiques*.

M. Grasset cherche à reconnaître *divers types phy-*

*siologiques suivant la force de l'idée sociale et poli- tique et la force de l'idée morale et religieuse :* Il admet des types à idée sociale *forte* et des types à idée sociale *faible*, il oppose les altruistes, les cha- ritables, les sacrifiés aux arrivistes et aux jouisseurs. Mais, on le conçoit, une telle classification est fantai- siste : elle est *d'ordre moral* et non d'ordre biologi- que.

Dans son chapitre de pathologie, notre confrère essaie d'étudier les *troubles des idées sociales et mo- rales*, mais la tâche est rude. Les *politiciens* trouvent grâce à ses yeux. « Je ne traite pas de malades ceux qui s'occupent *trop* de sociologie ou de politique, *pourvu qu'ils le fassent avec logique et raison.* » La condition est rarement remplie, mais nous n'insis- terons pas plus que notre bon confrère. « Les plus importants de ces troubles peuvent se grouper, dit- il, sous trois chefs : 1° les délires politiques, anar- chistes, régicides..... ; 2° les hypomoralisés : absence de sens moral, folie morale ou idiotie morale, obses- sion du crime, homicide ; 3° les paramoralisés : scru- pules, remords, auto-accusateurs..... Le deuxième de ces groupes touche à la *criminalité* qui, dans ces cas, est morbide, *sans qu'on doive dire que tous les criminels sont par définition des malades*, et que les asiles doivent remplacer les prisons ». La réserve est d'importance, et nous l'attendions de l'esprit sage et pondéré de notre confrère qui ne verse pas dans les erreurs monstrueuses et condamnées de Lom- broso. Dans tous nos actes, il faut faire la part du corps, du cerveau, mais il ne faut pas davantage méconnaître celle de l'esprit, de la liberté.

M. Grasset n'adopte pas l'opinion extravagante d'un Sergi qui considère la religion « comme une manifestation *pathologique* de la fonction de protection ». Il se plaît à reconnaître que la foi n'est pas une maladie et montre seulement que « les idées religieuses peuvent être le point de départ ou la forme de troubles : folie du doute, superstitions, démonomanie sous ses formes diverses, manie du jeûne, mutilations, suicide, homicide, exagération maladive des pratiques religieuses, amulettes, illuminisme, visionnaires, prophètes et fondateurs de religions extravagantes » (Séglas). Pourquoi notre confrère ne signale-t-il pas aussi les cas de religion *à rebours :* ces matérialistes qui n'ont renoncé à nos croyances que pour s'attacher aux pires superstitions, aux pratiques les plus grotesques (spiritisme, franc-maçonnerie, occultisme, etc.). Voilà des malades qui auraient surtout besoin de soins, car leur guérison ne leur servirait pas seulement, elle serait profitable à la France et à la société.

*Actes psychiques collectifs.* — La *psychologie des foules* dont il s'agit ici a été traitée par notre confrère Le Bon, et nous jugeons inutile d'y toucher, tant la question s'éloigne de notre sujet.

La troisième section du second chapitre du Dʳ Grasset se rapporte aux *fonctions psychiques relatives à la conservation et à l'accroissement de l'espèce.* C'est un gros et délicat sujet que nous n'éluderons pas.

11

Les matérialistes du jour font litière non seulement des croyances mais de la tradition du passé et se plaisent à ne considérer que la *fonction sexuelle*, en donnant tout empire à l'*amour*. M. le D^r Grasset leur rappelle fort à propos que le développement et l'*éducation* sont aussi importants que la mise au monde pour le nouvel être, incapable de vivre et de s'élever seul. « L'espèce humaine, dit-il, ne se maintient et ne s'accroît dans sa vie totale, c'est-à-dire physique et psychique, que si tous les individus remplissent non seulement leurs devoirs sexuels, mais aussi leurs devoirs de *famille*. » Par suite, cette partie se subdivise en deux questions : 1° actes psychiques concernant la vie sexuelle; 2° actes psychiques concernant la vie de famille.

*Actes psychiques relatifs à la vie sexuelle.* — Ce chapitre est plein d'aperçus inattendus, étranges. Nos maîtres, les Pierre Janet, les Féré, les Maurice de Fleury ne prétendent-ils pas que l'*amour est une maladie ?* Ils ont un précurseur dans Sauvages définissant l'amour « cette maladie qui s'insinue entre les jeunes filles et les jeunes gens, *avec délire au sujet de l'objet aimé* et désir honnête de l'union intime ». Avec Danville, notre savant confrère réfute cette dangereuse erreur qui légitime tous les écarts et toutes les fautes. L'amour est un acte psychique normal, une *passion physiologique* non seulement utile mais nécessaire à la société, puisqu'elle fonde la famille.

Comment la définir, comment se rendre compte de ses éléments constituants ? Assurément, avec notre

confrère, on ne déclarera pas bien conçue cette définition de Danville : « L'amour est une entité émotive
spécifique, consistant dans une variation plus ou
moins permanente de l'état affectif et mental d'un
sujet, à l'occasion de la réalisation — par la mise en
œuvre fortuite d'un processus mental spécialisé —
d'une systématisation exclusive et consciente de son
instinct sexuel sur un individu de l'autre sexe. » Une
telle définition n'est pas seulement complexe, elle est
étrange, incompréhensible, digne d'exercer la verve
d'un Molière. Celle que risque le D^r Grasset est plus
simple, mais n'arrive pas à nous satisfaire : « L'amour
est une idée avec émotion spécifique, de l'ordre esthétique et affectueux et *avec attirance sexuelle*. »
L'amour n'est ni une idée, ni une émotion, c'est une
*passion* qui se spécialise dans l'ordre génital et engage
toutes les facultés à son service pour arriver à ses fins :
voilà ce qu'il importe avant tout de savoir (1).

M. Grasset ne se sent pas embarrassé pour définir
la *pudeur*, sentiment délicat, exquis, connexe à
l'amour. « C'est, dit-il, un acte psychique protecteur de
l'amour : il protège les sexes contre le désir au profit
de l'amour. » Notre confrère serait plus habile que
beaucoup d'autres s'il arrivait à expliquer ce sentiment déconcertant. Rappelons-lui qu'on n'en trouve
pas la raison *dans la nature* : les interminables discussions dont il a été l'objet suffiraient à le prouver (2).

1. D^r S. *L'Amour*. Maloine.
2. D^r S. *La Morale*, t. I, p. 21.

L'amour étant un composé de passion et d'idée, un sentiment complexe où la *nécessité* organique s'unit à la *liberté* psychique, il n'est pas étonnant que M. le D<sup>r</sup> Grasset y ait trouvé un avantageux placement pour son *polygone*. « L'amour vrai, complet, dit-il, est un acte conscient du psychisme entier. Mais il comprend un important élément d'automatisme polygonal...C'est par le dédoublement de la personne aimante, par la distinction de l'amour supérieur de O et de l'amour adventice, accidentel, incomplet, impérieux du polygone que j'ai essayé d'expliquer le dualisme ou la multiplicité dans l'amour. » Ce dualisme, est-il besoin de l'observer, n'a rien à voir avec le polygone : il s'explique par le conflit de la passion génitale avec les facultés supérieures qui trop souvent sont ses dociles complices.

Notre confrère veut établir des *types physiologiques suivant la force de l'amour*, mais n'arrive pas à prouver que les hommes se partagent à cet égard en *forts* et en *faibles*. Nous sommes tous *faibles*, ou plutôt *fragiles* en pareille matière ; nous sommes tous *puissants* à nos heures. Et nous doutons fort que l'élément physique manque chez les gens qui se croient supérieurs même en amour (amour de tête, amour platonique). L'amour est toujours sensuel.

La *chasteté* est la vertu supérieure des hommes et le correctif de l'amour : elle est nettement admise par le savant maître de Montpellier. « J'appelle chastes, dit-il, ceux qui ne donnent pas satisfaction à leur instinct sexuel sans amour. » Ce n'est pas absolument exact. Notre confrère refuse de confondre les chastes et les continents ou abstinents. En fait, la restriction est trop grande. La chasteté est réelle, *absolue* chez les vrais *célibataires*, les continents, elle n'est que *relative* chez les gens mariés dont parle le D<sup>r</sup> Grasset. Mais elle s'impose à notre nature. Il était opportun de montrer que tous les médecins ne déraisonnent pas sur la question de l'amour. Et nous félicitons notre confrère d'avoir hautement proclamé l'existence et la nécessité de la *chasteté* pour tous.

La pathologie de l'amour est trop spéciale, trop scabreuse pour nous arrêter. La maladie exagère, pervertit, diminue ou supprime l'appétit sexuel. Notre confrère décrit ses différentes formes, sans les rattacher jamais à leur cause somatique. On ignore le siège encéphalique de l'amour. Ne serait-il pas au cervelet, comme l'ont supposé nombre d'auteurs et nous-même (1) ? M. le D<sup>r</sup> Grasset ne mentionne pas cette hypothèse, qui ne manque pas de fondement, mais que la science *officielle* n'a jamais admise.

*Actes psychiques relatifs à la vie de famille.* — M. le D<sup>r</sup> Grasset se borne à les énumérer : « L'*amour conjugal*, distinct de l'amour tout court (celui-ci pouvant se rencontrer en dehors de la famille), l'amour mutuel des fondateurs d'une famille ; l'amour *paternel* (ou *maternel*), *filial* et *fraternel*, l'amour mutuel des chefs de famille et de leurs enfants normalement incompatible avec le premier et en général avec tout

_______

1. D<sup>r</sup> S. *La Vie affective* ; *La Volonté.*

amour sexuel. » Notre confrère ajoute qu'il y a divers *types physiologiques suivant la force des amours familiaux*. Les femmes, les *mères* auraient surtout le monopole de la force. De tels classements sont au moins douteux.

# CHAPITRE X

**Les centres psychiques de Grasset** (*suite et fin*)

Le troisième et dernier chapitre du D<sup>r</sup> Grasset se rappporte au *diagnostic du siège des altérations centrales à symptomatologie psychique*. C'est le plus important de l'étude du psychisme, mais, avoue notre confrère, « il reste malheureusement le moins satisfaisant encore, *parce qu'il n'est guère que le cadre d'un chapitre à faire* ».

En veine de confidence, le D<sup>r</sup> Grasset ajoute que nombre d'auteurs ne croient même pas à sa réalisation ultérieure. « Il est classique de dire aujourd'hui que le psychisme n'est pas *localisable*, qu'à l'inverse de toutes les autres fonctions nerveuses, il n'a pas de centres spéciaux, que l'activité psychique est *diffuse* dans l'entier système nerveux. » Il y a ici une confusion qui est regrettable et que nous voulons croire involontaire. Les maîtres, comme Pitres, Laborde, qui ont soutenu cette opinion n'ont entendu parler que des facultés *supérieures*, de l'intelligence et de la volonté ; et ils ont absolument raison. L'esprit n'est pas localisable (1). Mais si, avec M. Grasset, on qua-

1. D<sup>r</sup> S. *L'Ame et le Cerveau. Avons-nous une âme ?*

lifie de *psychiques* les facultés *sensibles*, il est évident pour tout le monde qu'elles ont un siège cérébral.

Bien entendu, nous sommes d'accord avec notre auteur pour repousser l'opinion extravagante qui attribue à tous les neurones de l'intelligence, de la mémoire et de la conscience. On ne trouve à la soutenir que les matérialistes acharnés à refuser à l'homme l'âme et la liberté : c'est d'autant plus étrange qu'ils s'appliquent à relever l'animal et à le doter contre toute évidence de nos facultés les plus hautes.

Le chapitre que nous abordons est des plus importants, mais c'est une *page blanche.* M. le professeur Grasset le reconnaît. « Je crois, ajoute-t-il, qu'il faut l'indiquer aux *travailleurs de l'avenir.* Sans doute il est actuellement *très pauvre en documents positifs.* Il y en a cependant assez pour indiquer que, quelque jour, il se complétera, deviendra faisable et constituera alors le couronnement et la conclusion de toute l'étude physiopathologique des centres psychiques. Seulement il est essentiel de ne l'établir que très prudemment, au fur et à mesure que les documents *anatomocliniques* positifs se produiront. » Cette réserve est prudente, indiquée, mais combien l'observent ? Le professeur Poirier n'osait-il pas déclarer, il y a quelques années, dans une conférence publique : « Le microscope nous a révélé dans les lobes pariétal et frontal du cerveau les *cellules de la volition et de la pensée !* » Quelle gasconnade !

M. le professeur Grasset, plus honnête et plus vrai, se borne à dire: « *Les centres psychiques paraissent tous réunis dans l'écorce cérébrale.* Je crois même qu'on peut, par définition, appeler *psychiques* les phénomènes qui se passent dans l'écorce cérébrale et les symptômes qu'entraînent les altérations de l'écorce cérébrale..... Voilà une première localisation *d'ensemble* du psychisme qui me paraît établie. Mais il faut tâcher de préciser davantage et d'aller plus loin, si possible ; il faut essayer de fixer en quoi les diverses régions corticales diffèrent les unes des autres au point de vue psychique. Il faut tâcher de trouver dans l'écorce le siège des centres polygonaux et le siège des centres O ou cliniquement le siège des altérations corticales qui se manifestent par des symptômes polygonaux ou par des symptômes psychiques supérieurs. » Relevons encore la préoccupation constante de notre auteur de subordonner les observations à son système favori. Toujours la théorie avant les faits !

« Je grouperai sous les quatre chefs suivants les documents de nature à lancer la question et à poser le problème (*c'est tout ce que l'on peut faire aujourd'hui*) :

I. — Centres corticaux d'association et de projection de Flechsig ;

II. — Anatomoclinique des centres de projection ;

III. — Anatomoclinique des centres d'association inférieure ;

IV. — Anatomoclinique des centres d'association supérieure.

I. — *Centres de Flechsig.* — M. le Dr Grasset joue de malheur. Il s'est toujours montré, et se déclare encore chaud partisan de la *théorie de Flechsig.* Or, cette théorie qui a eu à son origine un gros succès a eu un déclin rapide, et nous n'apprendrons rien à personne en disant qu'elle est en ruine. Des deux espèces de centres que le professeur de Leipzig distinguait, l'une est connue depuis longtemps : c'est la *zone des centres moteurs et sensitifs* : Flechsig la décore du nom de *centres de projection.* Quant aux *centres d'association* qu'il a imaginés, ils ne sont nullement vérifiés, ils n'existent pas (1). L'avenir reste ouvert à des recherches moins théoriques, plus sérieuses, et nous nous associons au sentiment du Dr Grasset. « L'objectif constant des cliniciens faisant une autopsie de mental organique, doit être, après avoir très soigneusement analysé les symptômes psychiques pendant la vie, de voir quelles sont les zones de Flechsig plus particulièrement atteintes. La démonstration ou la réfutation définitive ne pourront se livrer qu'ainsi. » Que nous sommes loin du but ! Et comme les fantaisistes théories nous en écartent !

II. — *Anatomoclinique des centres de projection.* — Il n'y a pas à s'arrêter aux *centres sensitifs et moteurs* dénommés à tort par Flechsig *centres de projection.* Ils sont connus, incontestés.

---

1. Dr S. *L'Ame et le Cerveau.*

III. — *Anatomoclinique des centres d'association inférieure.* — Ces centres, répétons-le, sont loin d'être admis par tout le monde. Les maîtres ont prouvé l'identité de conformation de l'écorce cérébrale et par suite l'erreur de Flechsig. M. le D' Grasset n'en persiste pas moins à croire que les centres d'association inférieure « comprennent tout ce qui, dans la substance grise, n'est ni les centres sensitivo-moteurs et sensoriels, ni le lobe frontal antérieur. » Et si notre hardi confrère réserve à ce dernier les plus hauts processus de la pensée, il ne laisse pas d'attribuer aux centres *inférieurs* une bonne part d'intellect et de volonté, comme on va le voir. « Les points nodaux de ces systèmes longs d'association, dit-il, seraient les territoires centraux de ces zones : la partie moyenne du pli courbe et la troisième circonvolution temporale. Ce seraient les centres polygonaux d'association automatique, inconsciente ; les centres de toute la *partie polygonale* de *l'association des idées* et des images, de la mémoire, de l'imagination, de la comparaison, *du jugement et de la délibération volitive.* S'il en est ainsi, les altérations de ces sens entraînent des troubles de ces fonctions. Pour l'étude anatomoclinique de ces centres, il faut y joindre le *corps calleux,* qui représente tous les faisceaux *de relation psychique* d'un hémisphère à l'autre.

« Les documents cliniques à utiliser pour ce paragraphe ont trait au siège des lésions : 1° dans les *agnosies* (stéréoagnosie, cécité et surdité psychiques, perte de la notion topographique) ; 2° les troubles

psychiques du *langage* (aphasies intra et suspolygo-
nales, amnésie verbale) ; 3° les troubles d'*association
intellectuelle*. »

I. — *Agnosies*. — a) *Stéréoagnosie*. — On désigne
ainsi l'affection dans laquelle on perd la notion de la
nature et de la position des objets. Sa localisation est
loin d'être fixée. La sensibilité est troublée, d'ordinaire, mais la motilité n'est pas toujours indemne.
Dans le premier cas, la lésion siégerait à la région
pariétale, toutefois elle n'est pas très exactement pré-
cisée. M. le D^r Grasset la signale, mais il ne parle pas
des faits très vérifiés, où la motilité se trouve atteinte
par lésion de la zone prérolandique et surtout de la
région frontale (1). M. le D^r Chipault a publié à cet
égard des observations concluantes. La reconnaissance des objets ou *fonction stéréognostique* s'exerce
à la fois par les centres moteurs et par les centres
sensitifs : voilà l'importante notion qui nous paraît
acquise.

b) *Cécité psychique*. — Elle est encore mal connue,
mais se lie aux lésions du centre optique des lobes
occipitaux. Ce centre assure la vision autant qu'il est
exactement relié au nerf optique. Les faits de *surdité
psychique, d'agnosie olfactive* ou *gustative* sont tellement rares et imprécis qu'ils sont inutilisables.

c) *La perte de la notion topographique* est définie
« perte du sens de l'orientation, impossibilité pour
l'individu de se reconnaître dans les milieux où il vit

---

1. D^r S. *L'Ame et le Cerveau*.

et de se diriger » ; elle se rapproche beaucoup de la *perte de la stéréognosie*, si elle ne se confond pas avec elle. Les auteurs les localisent surtout d'après les faits cliniques dans la région occipitale, mais nous avons vu que certaines observations plaident en faveur du lobe frontal.

« En somme, conclut le Dr Grasset, si on sépare les lésions des sphères de réception, les lésions des agnosies « compromettent très souvent les voies lon-gues d'association interhémisphériques (corps cal-leux) et intrahémisphériques (faisceau longitudinal supérieur et inférieur, faisceau unciforme, cingulum). Elles attaquent, en résumé, le réseau commissural intersensoriel et sensorio-psychique, qui est le subs-tratum anatomique de l'activité psychique associative. Les agnosies sont bien vraiment des symptômes des voies d'*association psychique*. » Qu'est-ce à dire sinon que l'*intelligence* a une part certaine, et importante dans ces centres qu'on prétend *inférieurs* ? Ne serait-il pas plus simple, plus exact, de reconnaître que la sensibilité préside à toute l'écorce cérébrale et que l'esprit y trouve un nécessaire *substratum* ?

II. — *Troubles psychiques du langage.* — La question du langage et de ses troubles a été magistralement élucidée par le professeur Pierre Marie en 1906 ; et M. Grasset ne pouvait prévoir sa solution en 1904, quand il écrivait son plan. Toutefois en 1912 il garde ses vues sur le fonctionnement psychique et refuse même maintenant d'admettre le lobe de la mémoire.

L'homme seul a le langage articulé. Et il ne parle

que *parce qu'il pense*. La mémoire est l'agent merveilleux, le moyen nécessaire du langage, mais l'intelligence en reste le capital facteur, le maître incontesté. Nous aurions été heureux de voir M. le D<sup>r</sup> Grasset reconnaître cette vérité avec nous. Il se borne à constater la haute valeur de la fonction. « Il y a, écrit-il, un gros élément psychique dans le langage ordinaire : passage du mot (ou du signe) à l'idée et de l'idée au mot (ou au signe). Un objet est vu, le psychisme (lisez l'esprit) le reconnaît, trouve le mot qui lui convient et l'exprime ; ou bien, un mot est lu et entendu, le psychisme le reconnaît et trouve l'objet auquel il s'applique. Il y a là non seulement de la mémoire, mais de l'association des idées et des images. »

L'exercice de la parole, subordonné à celui de la mémoire, exige le concours de centres moteurs et de centres sensitifs. Le mécanisme en est complexe, et ne se conçoit pas *sans un mécanicien*, c'est-à-dire *sans les facultés spirituelles*. Ce sont elles toujours qui président à l'apprentissage du langage, ce sont elles qui le gouvernent toujours. On n'apprend pas à voir, à entendre, à sentir, on apprend *à parler*. Pourquoi les matérialistes ne songent-ils pas à constater cette différence et à l'expliquer ? Pourquoi ne voient-ils pas dans la mémoire la servante attitrée du langage comme dans l'intelligence son guide supérieur ? Pourquoi M. Grasset en arrive-t-il à tenir les centres de la parole pour *inférieurs* ?

III. — *Troubles d'association intellectuelle* — a) *Cen-*

*tres d'association inférieurs.* — Les tumeurs du *lobe
temporal* donnent lieu à des troubles psychiques : ce
qui plaide, écrit Dupré, « en faveur de la haute importance psychique accordée au *lobe temporal* par von
Monakow et Flechsig... P. Schuster conclut de ses
statistiques que c'est dans les tumeurs du *lobe occipital* que s'observent *avec le plus de fréquence* les
troubles psychiques à forme de confusion mentale,
de délire, d'hallucination et d'excitation ».

Ainsi, de l'aveu même des auteurs, l'exercice de
l'intelligence n'est pas subordonné au lobe frontal :
il trouve ses conditions dans les lobes temporal et
occipital. Il n'a pas moins besoin du lobe *pariétal,*
comme le montre nettement le D\u1d63 Grasset avec cette
citation de Jules Soury : « C'est surtout le *lobe pariétal,* j'entends les parties qui en restent après son
démembrement, où l'on voit aujourd'hui *un centre
de l'intelligence qui paraît ne le céder en rien au
lobe frontal lui-même, au moins dans la production
des plus hautes œuvres du génie, de l'œuvre d'art en
particulier.* Ce centre psychique ou intellectuel pos-
térieur, situé sur les bosses pariétales, a été trouvé
singulièrement développé chez *tous* les hommes de
génie dont on a jusqu'ici étudié scientifiquement le
cerveau ou le crâne... Ce ne sont pas seulement les
grands musiciens, ce sont aussi des philosophes, des
mathématiciens, des chimistes, des physiologistes et
des anatomistes qui ont possédé des circonvolutions
pariétales d'un volume considérable. » Faut-il s'éton-
ner du développement du lobe de la mémoire chez

les savants qui accumulent les observations pour arriver à établir la synthèse des faits et à découvrir la vérité ? Mais nos auteurs ont vu l'intelligence là où il n'y a qu'une fonction sensible subordonnée.

Toutes les parties de l'écorce sont donc intéressées dans le jeu psychique, tous les neurones sont actionnés. Est-ce tout ? Non. Un organe qui ne contient pas de cellules nerveuses, un simple pont de fibres unissantes, le *corps calleux* a une importance *au moins égale* à celle de tous les lobes cérébraux pour le fonctionnement de l'esprit. N'est-ce pas une preuve que la pensée n'est pas le produit des neurones les plus supérieurs et qu'elle résulte de la collaboration intime et nécessaire de l'intelligence et de l'imagination? La sensibilité, par la diversité des centres cérébraux, assure l'exercice de l'esprit.

b) *Corps calleux.* — Dès 1741, la Peyronie voyait dans cette commissure le *siège de l'âme*, à cause des grandes et fréquentes lésions qu'elle présente concomitantes avec des troubles psychiques. Treviranus, un siècle plus tard, en faisait l'*organe de l'unité des opérations intellectuelles.* Aujourd'hui tous les faits cliniques s'accordent à lui attribuer une extrême importance. Dupré la regarde comme « l'instrument nécessaire de la synthèse harmonique des activités sensorio-psychiques des deux hémisphères, comme l'organe de l'unité anatomique et fonctionnelle des deux moitiés du cerveau, comme l'organe psychique par excellence » et conclut : « Les tumeurs du corps calleux... portent une atteinte précoce et profonde à

la cérébration psychique et entraînent la démence. »
Selon Brissaud et Souques, « les tumeurs du corps
calleux, surtout celles qui occupent la partie antérieure de cette grande commissure, entraînent inva-
riablement une perturbation presque constante, précoce et plus ou moins complète des phénomènes
psychiques ». Bristowe donne dans le syndrome le
signe suivant : « Troubles profonds de l'intelligence,
stupidité. » Pour Devic et Paviot, l'apparition précoce
des troubles mentaux et de l'intelligence constitue le
premier des deux symptômes cardinaux qui peuvent
faire penser à une tumeur du corps calleux.

Qu'avons-nous besoin d'aller plus loin pour montrer que tout le système des fibres et des cellules cérébrales sert à la sensibilité, que la *localisation* de
l'intelligence non seulement n'est pas faite, mais
qu'elle est radicalement impossible ? Est-ce que le
lecteur n'est pas pleinement édifié ? Nos adversaires
n'ont-ils pas accumulé les preuves contre leur mauvaise thèse ? Nous n'avons pas encore abordé l'étude
du *lobe préfrontal* prétendu *intellectuel*, des *centres*
dits *supérieurs*, et déjà nous avons constaté que les
lésions les plus banales du lobe temporal, du lobe
pariétal, du lobe occipital, voire du corps calleux
*troublent profondément et suppriment l'intelligence.*

Et M. Grasset ne voit là que des centres d'association *inférieurs*. Qu'entend-il par là ? Voudrait-il insi-
nuer que l'intelligence n'appartient qu'aux savants,
aux génies ? Nous ne serions plus d'accord, car, selon
nous, la faculté *spirituelle* appartient à *tous* les hom-

mes, aux sauvages comme aux civilisés, aux anciens comme aux modernes. Et le fait de parler, de compter, de connaître et de reconnaître suffit pour en proclamer l'existence. Nous pourrions donc clore ici la discussion, mais nous préférons la poursuivre sur le terrain *frontal* qui nous réserve l'argumentation la plus décisive en faveur du spiritualisme.

IV. *Anatomoclinique des centres d'association supérieurs (lobe préfrontal).* — M. le D$^r$ Grasset pose en ces termes la question grave des fonctions du lobe préfrontal : « Il ne s'agit pas de se demander si tous les centres psychiques sont réunis dans cette partie de l'écorce. Il serait anticlinique de poser seulement la question, *puisque nous avons vu le rôle joué par tout le reste de l'écorce cérébrale dans les fonctions psychiques.* Il s'agit uniquement de savoir si les fonctions psychiques *supérieures* ont leurs centres dans cette région prérolandique du lobe frontal. *Voilà la question très importante qui, disons-le tout de suite, n'est pas résolue,* mais sur laquelle il y a un certain nombre de documents cliniques assez importants. »

Notre auteur fait un choix dans ces documents, et les autorités sur lesquelles il s'appuie ne sont pas nombreuses, ni toujours convaincantes. Il cite Bouillaud, Broca, Gratiolet comme « admettant le rôle psychique des lobes frontaux *que contestait Vulpian*» et avec lui beaucoup d'autres. Même il faut s'entendre sur la portée de cette affirmation. Bouillaud et Broca se sont grossièrement trompés, en ayant l'honneur de découvrir les *centres du langage.* Le premier n'a jamais été matérialiste, n'a jamais localisé l'*esprit* dans le cerveau. De même Gratiolet ne saurait être considéré comme l'adversaire du spiritualisme, lui qui l'a si admirablement défendu sur le terrain cérébral. Reste l'autorité de Broca, qui est mince. Notre confrère de Montpellier établit une confusion regrettable en prenant le terme *psychique* comme synonyme de *sensible* : il est nécessaire de la dissiper encore une fois.

Le D<sup>r</sup> Grasset qui ne compte pas sur l'appui de Broca cite avec empressement le professeur Hitzig qui croit au rôle psychique supérieur du lobe frontal. « Il existe, dit-il, dans les régions préfrontales des organes dont la fonction se différencie de celle des territoires que M. Flechsig appelle aujourd'hui centres de sensibilité. J'ai désigné brièvement cette fonction sous le nom d'*intelligence supérieure* et j'ai voulu surtout faire comprendre par cette expression la faculté de penser arbitrairement. » C'est au Congrès de Paris, en 1900, que s'exprimait ainsi Hitzig ; mais il combattait aussi à ce même Congrès la théorie de Flechsig alors dans toute sa vogue et déclarait *pure et vaine hypothèse* la localisation de l'esprit que cherchait le professeur de Leipzig. Pourquoi le D<sup>r</sup> Grasset ne parle-t-il pas de cette opinion si caractérisée du maître ? Est-ce parce qu'elle le condamne ?...

Il invoque encore en sa faveur le sentiment du célèbre physiologiste anglais Ferrier écrivant en 1876 que « l'ablation des lobes frontaux... entraîne une sorte de *dégénérescence mentale* qui, en dernière

analyse, peut se réduire à la perte de l'attention ».
Est-ce sérieux ? M. Grasset prend-il l'homme pour
un vulgaire lapin ? Et l'expérimentation *animale* est-
elle de mise dans une question où l'*intelligence* est
en jeu, où l'homme *seul* est en cause ? N'insistons
pas.

Le physiologiste allemand, Wundt, opère *in animâ
vili* et n'est pas plus autorisé à conclure. Il regarde
le lobe frontal comme le centre de l'*aperception*.
« En outre, dit-il, *la volonté ne faisant qu'un avec
l'aperception*, la destruction du lobe frontal avec la
ruine de l'aperception entraîne celle de la volonté. »
Cette philosophie n'est-elle pas transcendante, tout
en se bornant à la bête ?

Bianchi, en Italie, extirpe un seul lobe ou les
deux lobes frontaux *chez des chiens et des singes*, et
ses résultats sont énormes, déconcertants : « L'extirpation des lobes frontaux produit la désagrégation
de la personnalité, l'incapacité à la formation par
séries des groupes d'images et de représentations. La
disparition de l'organe de la fusion physiologique
entraîne l'absence de la base anatomique *du jugement et de la critique*. » Voilà qui suffit à nous éclairer sur la valeur de tels maîtres. Ils se dépouillent
de leur jugement, de leur esprit critique... au profit
des singes. Il faut féliciter ceux-ci, mais que les élèves sont à plaindre !

Naturellement, M. le D<sup>r</sup> Grasset invoque en témoignage son maître Flechsig. Aujourd'hui encore il lui
garde sa confiance et ne veut pas croire à la ruine de

sa théorie. Pour le professeur de Leipzig, « le centre frontal intéresse surtout la personnalité de l'individu ; il règle la participation personnelle aux événements extérieurs ou intérieurs qui concernent l'individu. Sa lésion supprime l'attention active et provoque l'indifférence complète, change de fond en comble le caractère ».

De son côté, le Dr Charpy écrit : « Il est difficile de ne pas croire, avec Hitzig, que, si les idées se forment dans toute l'écorce cérébrale, c'est surtout dans le lobe frontal, caractéristique du cerveau humain que s'organisent la réflexion, les idées abstraites, la volonté frénatrice des centres sensitivo-moteurs, en un mot les manifestations élevées de l'intelligence. Il en est de même de la conscience. » Et ce sont des savants qui émettent d'aussi graves affirmations, sans les appuyer d'aucune preuve.

La question n'est pas tranchée par ce singulier dogmatisme qui a la prétention d'être philosophique et que ne certifie pas la science. Et M. le Dr Grasset l'avoue, dépité par la vaine phraséologie, « c'est à *l'anatomoclinique* seule qu'on peut demander sa démonstration. »

L'histoire anatomoclinique du lobe frontal ou préfrontal remonte très loin. Mais pour notre confrère de Montpellier elle ne date que de 1888. Pourquoi ? Est-ce que, depuis longtemps, les médecins, les aliénistes n'ont pas fait d'innombrables autopsies de malades dont ils avaient soigneusement observé les symptômes ? Leurs constatations, paraît-il, ne comptent pas : elles sont, en effet, d'accord ou à peu près pour établir que la région frontale est une zone *latente* ou *muette*, étrangère au psychisme. N'est-ce pas assez pour les disqualifier ?...

Bornons-nous donc à dépouiller, avec notre auteur, les observations des vingt dernières années. Welt conclut de ses douze observations : « Le siège des changements ou altérations du caractère (violent, querelleur) serait l'écorce de la première frontale ou des circonvolutions de la face orbitaire voisine de la ligne médiane interhémisphérique et du lobe frontal droit plutôt que du lobe frontal gauche. » Outre que ces résultats sont plutôt imprécis, il faut remarquer qu'ils accusent seulement l'altération du caractère, *sans que l'intelligence soit obscurcie.* Et le changement est très variable : Jastrowitz a observé, dans les tumeurs du lobe frontal, des symptômes d'excitation gaie « avec esprit jovial, comique ou humoristique », tandis que Grimm, au contraire, a noté des symptômes de nature mélancolique. Une telle opposition n'est pas faite pour faciliter la solution du problème.

Oppenheim est très réservé dans ses conclusions : « Dans la plupart des cas de tumeurs des lobes frontaux où l'observation a pu être bien conduite, et dès le commencement du mal, une altération des fonctions psychiques, ou une psychose elle-même a été constatée. » Jules Soury ajoute : « Quant au caractère connu des anomalies psychiques observées dans les tumeurs du lobe frontal, on a surtout relevé l'affaiblissement de la mémoire et des facultés intellectuelles, l'apathie, l'hébétude, la stupeur, plus rarement une psychose proprement dite, telle que la mélancolie, la manie, l'incohérence, la confusion mentale et certains états d'excitation. »

Finalement, M. le D<sup>r</sup> Grasset a groupé une quarantaine d'observations ou de mémoires qui établissent plus ou moins une relation entre la lésion du lobe frontal et des troubles psychiques divers. C'est peu pour établir sa thèse et entraîner la conviction.

Aux observations de M. Grasset nous pourrions opposer des milliers d'observations contraires, dues aux cliniciens et aux aliénistes les plus variés, qui montrent les lésions les plus étendues des lobes frontaux *avec intégrité parfaite des facultés intellectuelles*. Pourquoi notre confrère n'en parle-t-il pas, pourquoi n'en tient-il pas compte ? Il faudrait un volume pour les énumérer, et nous nous bornerons à citer une observation qui remonte à soixante-dix ans et qui n'en est pas plus mauvaise.

Bérard a communiqué à la *Société anatomique* (15 mars 1843) un cas de fracture, avec enfoncement de la paroi antérieure du crâne et *broiement des deux lobules antérieurs du cerveau*, surtout dans leur portion qui repose sur la voûte orbitaire. Amené à M. Bérard, le blessé, *jouissant de toute sa raison*, put raconter lui-même les détails de son accident. La sensibilité et les mouvements volontaires étaient conservés. Toutefois il semblait y avoir une légère hémiplégie faciale du côté droit. Le malade mourut bientôt dans le coma.

Tous les praticiens ont observé des cas analogues, et nous en appelons à leur témoignage. Citons seulement le suivant qui date de 1890 et qui nous est personnel : « Un ouvrier, qui eut le frontal broyé et le lobe antérieur gauche dilacéré par la flèche d'un *diable*, ne présenta pas le moindre signe d'hébétude, de stupeur, d'anesthésie ou de paralysie. Il put gagner son domicile, parcourir 400 mètres à pied, quoique très affaibli par l'hémorragie consécutive, n'eut aucun symptôme de fièvre ou de délire et continua à converser et à lire son journal pendant la cicatrisation de sa plaie. Au quinzième et au dix-huitième jour, nous enlevâmes à l'aide de pinces cinq morceaux de paille, débris de son chapeau, enfoncés au moment de l'accident dans la pulpe nerveuse, et qui n'avaient traduit leur présence par aucun trouble. La guérison survint rapide et complète (1). »

Notre observation en vaut d'autres, et elle nous laisse très sceptique en face des affirmations de nos confrères, même de nos maîtres. M. le professeur Duret a beau donner comme signes caractéristiques de la symptomatologie frontale des troubles intellectuels variés : « torpeur, psychoses, ataxie frontale », il ne prouve pas que les mêmes troubles ne s'observent pas avec la lésion des autres lobes ni surtout qu'on les a constatés dans *toutes* les lésions du lobe frontal. Or, c'est la seule démonstration qui importe à la thèse du Dr Grasset.

1. Dr S. *L'Ame et le Cerveau*.

Et c'est pourquoi les témoignages qu'il invoque ne sont pas probants. M. Dupré, le plus récent auteur, écrit : « L'étude comparée du nombre considérable d'observations déjà publiées de tumeurs du lobe frontal démontre la *haute prédominance des troubles psychiques...* dans l'expression clinique des lésions. Ces troubles psychiques, divers par leur nature, leur intensité, leur association, sont en général précoces, presque toujours progressifs, surtout isolés au début, ils se caractérisent surtout par l'*affaiblissement démentiel terminal* des facultés. Certaines modalités épisodiques singulières (manie, euphorie joviale, puérilisme, troubles de l'odorat, etc.), peuvent imprimer à la symptomatologie mentale du lobe frontal une physionomie assez spéciale. Mais le caractère dominant de cette expression clinique demeure l'*atteinte précoce des fonctions psychiques supérieures*, de l'exercice intellectuel sous ses formes les plus hautes et les plus délicates et des manifestations de l'affectivité et du sens moral. » Enfin Brissaud et Souques, très réservés, concluent : « On peut dire que les troubles psychiques *paraissent* plus fréquents, plus précoces, plus accusés — *quelquefois ils semblent* prédominants — dans les tumeurs du lobe frontal que dans celles des autres régions du cerveau. L'existence de troubles mentaux très marqués au cours d'une tumeur cérébrale a pu permettre, en effet, à différents auteurs de la localiser au niveau de la zone frontale. *La pensée siège dans toute l'écorce, et l'ensemble des circonvolutions est nécessaire à l'intégrité de l'intelligence,* mais les observations précédentes tendent à faire croire que *le lobe frontal joue un rôle prédominant dans l'élaboration des processus psychiques supérieurs.* »

Nous défions le plus subtil philosophe de démêler une pareille contradiction : *La pensée siège dans tout le cerveau et elle s'élabore dans le lobe frontal.* Avec une telle formule, nos maîtres n'auront jamais tort. Mais les faits les condamnent non moins que la logique, et c'est assez.

A ceux qui prétendent diagnostiquer la tumeur frontale à ses symptômes psychiques, ne suffit-il pas de rappeler la récente et caractéristique observation du professeur Raymond :

« Une femme de 43 ans, tailleuse d'habits, vient à la consultation. D'une bonne santé habituelle jusqu'à l'âge de 33 ans, elle a été prise, à la suite d'une émotion, de crises de céphalée nocturne et diurne, qui s'accompagnaient, au bout d'un certain temps, de vomissements. La céphalée devint bientôt diffuse, intermittente, s'exacerbant considérablement au moment des règles, ce qui l'obligeait à suspendre son travail. Quelque temps plus tard, elle allait consulter un oculiste, parce que, depuis deux mois, sa vue se troublait. On constata chez elle, à ce moment, un certain degré d'œdème de la papille. L'oculiste l'avait soumise immédiatement à un traitement spécifique intensif, par injections mercurielles, et un peu plus tard par l'iodure de potassium, traitement sous l'influence duquel la malade parut aller beaucoup mieux tout d'abord : ses douleurs céphaliques s'étaient amendées. Puis elles reprirent, et c'est alors qu'elle vint à la Salpêtrière.

« A l'examen, à part une certaine exagération des réflexes, on ne trouve rien d'autre que des signes de compression cérébrale consistant en céphalée, vomissement et œdème papillaire. La malade ne présentait ni vertiges ni attaques épileptiformes ; de temps à autre elle était prise de torpeur, d'abattement, de tristesse.

Il résultait de ces constatations qu'elle était atteinte d'une tumeur cérébrale, dont l'existence était certaine, *mais dont le siège était impossible à préciser*. Ce siège répondait vraisemblablement à ce qu'on est convenu d'appeler la *zone muette* de l'encéphale.

« En raison des phénomènes d'apathie, on aurait pu se demander *si elle siégeait dans les lobes frontaux*, mais en pareil cas on voit des attaques épileptiformes très fréquentes. On en était réduit par conséquent à faire un traitement symptomatique, et pour diminuer la céphalée la ponction lombaire était indiquée.

« La malade a succombé, et à l'autopsie nous avons constaté en effet la présence d'une tumeur cérébrale, à peu près ronde, de la dimension d'un œuf de dinde... Elle siégeait *à la face inférieure du lobe occipital*. Sa nature était sarcomateuse (1). »

1. *Journal de médecine interne*, 15 décembre 1904.

Le lobe frontal n'est pas spécial ni privilégié ; il n'est pas l'organe *noble*, comme on l'a dit. Non seulement il n'est pas réservé à l'intelligence, mais il préside comme les autres à la vie animale, à la sensibilité, à la motilité même (1). Rien ne le démontre mieux que les observations de plus en plus fréquentes de convulsion partielle, d'*épilepsie jacksonienne* dans les cas de lésions frontales. L'observation du professeur Dieulafoy, rapportée le 22 octobre 1901 à l'Académie, est à cet égard particulièrement instructive, et nous sommes surpris que M. le professeur Grasset n'en parle pas.

A son affirmation que *toute l'écorce est psychique* nous préférons celle-ci plus claire, plus complète et plus vraie : Toute l'écorce est préposée à la vie animale, *sensible* en arrière, *motrice* en avant. Leur conciliation n'est-elle pas d'ailleurs des plus faciles, notre confrère prenant le plus souvent le terme *psychique* comme synonyme de *sensible* ?

Les *conclusions générales* qui résument tout son travail ne nous retiendront pas longtemps. « Si on veut, écrit-il (ce qui est tout l'avenir de la question), appliquer scientifiquement la méthode anatomoclinique à la localisation des centres psychiques, il ne faut plus prendre en bloc tous les cas dans lesquels il y a des troubles psychiques et puis montrer qu'à l'autopsie ces cas répondent aux localisations les plus disparates. Il faut soigneusement analyser cha-

1. Dr S. *L'Ame et le Cerveau.*

que cas clinique *au point de vue psychologique*, montrer spécialement l'état des sensations et des émotions, l'état du psychisme automatique et inconscient et l'état du psychisme supérieur et conscient ; et ensuite noter les parties de l'écorce cérébrale qui ont été le plus atteintes. » Le programme est superbe, incomparable, mais il n'est pas rempli, il ne le sera pas de sitôt. D'abord le passé répond de l'avenir : voilà des siècles qu'on fait des observations, et la psycho-physiologie est encore dans l'enfance. Puis la science de l'âme, la *psychologie* manque à nos maîtres, et ils ne sont pas près de l'acquérir. Enfin la *localisation de l'esprit* qu'on poursuit, qu'on s'efforce d'obtenir est irréalisable, impossible. Tous les faits démontrent que l'intelligence ne dépend pas de tel ou tel lobe du cerveau. Et c'est l'avis des maîtres les plus réputés, de von Monakow, de Pitres, de Laborde, de Joffroy, etc. C'est l'opinion *classique*, déclare mélancoliquement Grasset.

Notre confrère est convaincu et ne craint pas d'être seul contre nous : il a foi dans sa théorie, ce qui est tout naturel. Il trouve très intéressantes les observations qu'il signale et qui sont appuyées, à l'autopsie, d'une lésion du lobe frontal. Nous n'y contredisons pas, mais nous déclarons *tout aussi intéressantes* les observations, *encore plus nombreuses*, qu'il passe sous silence et où l'altération du lobe frontal n'a donné lieu à aucun trouble intellectuel. Qui a raison, de nous deux ? Est-ce que l'expérience n'est pas notre souveraine maîtresse ? Est-ce que la vraie science ne se réclame pas des faits, *de tous les faits*, qu'ils soient favorables ou contraires à notre thèse ?

« Quand on voit, écrit le Dʳ Grasset, une altération du lobe préfrontal troubler profondément le psychisme supérieur, priver le sujet des raisonnements compliqués et élevés, des actes de conscience intellectuelle et d'activité volontaire et laisser cependant les actes automatiques de psychisme inférieur, permettant de marcher, de mener une vie inférieure correcte, de faire même quelques comptes, ou quand la suppression de ces centres supérieurs inhibiteurs permet des crises de dévergondage polygonal sous forme d'automatisme ambulatoire par exemple, *n'y a-t-il pas là un commencement de preuve scientifique anatomoclinique*, que les centres du psychisme inférieur existent distincts et séparés des centres du psychisme supérieur (ce que l'on conteste encore de divers côtés) et qu'on peut *sinon localiser ces centres*, du moins conserver l'espérance de les voir, *un jour*, localisés par l'anatomoclinique. *Je ne veux pas prétendre que la localisation est faite*, LOIN DE LA, les faits bien observés *sont encore trop peu nombreux* pour étayer une conviction définitive. » L'aveu est écrasant, mais il est arraché par l'évidence. Il ne nous suffit pas. Pourquoi notre confrère laisse-t-il obstinément dans l'oubli les cas nombreux, vérifiés, certains, qui le contredisent ? Ils sont connus de tous les savants, et il est seul à ne pas les voir. La critique scientifique exige qu'on tienne compte de tous les faits.

Et ces faits démontrent nettement, d'une manière

générale, que le cerveau est un *organe de sensibilité et de mouvement* et qu'*il n'est que cela*. Les facultés spirituelles y trouvent leur *substratum* et non leur siège, leurs conditions d'exercice et non leur principe causal. Les facultés sensibles seules sont organiques, cérébrales ; et rien ne le montre mieux que la localisation récente de l'une d'elles, la mémoire, qu'on doit aux beaux travaux de Pierre Marie. Il y a longtemps que nous défendons cette thèse, et nous sommes heureux de constater que les progrès de la science la confirment tous les jours davantage (1).

1. Dʳ S. *Le Cerveau, Le Problème cérébral, L'Ame et le Cerveau.*

# CHAPITRE XI

## Théorie d'Adamkiewicz

Tous les auteurs n'acceptent pas la doctrine des localisations cérébrales, ne se rendent pas à l'évidence des faits expérimentaux et des constatations cliniques. Et parmi les opposants de marque, il faut faire une place d'honneur au professeur Albert Adamkiewicz.

Sa théorie cérébrale est neuve, mais nullement compliquée. Elle ne tient aucun compte des expériences nombreuses qui ont été faites non plus que des observations répétées recueillies dans nos services hospitaliers, et à ce titre elle ne saurait être acceptée. Mais elle a du moins l'avantage de faire au cervelet sa place, et une large place dans le jeu psycho-sensible, et par là elle mérite de retenir l'attention des physiologistes et des penseurs.

Pour Adamkiewicz, l'écorce cérébrale ne se partage pas en centres moteurs et en centres sensitifs, elle n'a rien à voir surtout avec les incitations motrices, elle comprend seulement un ensemble de centres spéciaux et délimités, affectés au fonctionnement des différents organes. C'est ainsi qu'il y aurait

un centre psychique pour la musculature, un autre
pour l'organe de la vue, un pour l'organe de l'ouïe, etc.
Chacun de ces centres présiderait à tous les processus moteurs, sécréteurs et trophiques de l'organe
correspondant. Ainsi le cerveau se présenterait
véritablement comme l'organe de l'âme, c'est-à-dire
comme l'organe des fonctions psychiques supérieures,
des sensations, du jugement, de la volonté. Mais,
remarque essentielle, il ne contiendrait plus les centres
du mouvement.

Ces centres sont attribués par Adamkiewicz au petit cerveau ou cervelet, et on nous permettra de nous
arrêter ici sur une théorie qui a le double mérite
d'être originale et de s'accorder avec nos idées personnelles. Le cervelet serait la source de l'énergie, le
véritable centre du mouvement. Rolando ne le com-
parait-il pas autrefois à une pile voltaïque, y voyant
déjà le moteur des mouvements corporels ? Et de nos
jours, Luciani n'arrive-t-il pas à une conclusion analogue (1) ?

Le professeur Adamkiewicz a fait de nombreuses
expériences sur les animaux, et il considère comme
établi que l'appareil moteur relève directement et
exclusivement du cervelet. Le cerveau n'aurait sur
lui qu'une influence médiate et secondaire. On pourrait dire en d'autres termes que le cerveau est la source
*psychique*, et le cervelet la source *physique* des mouvements corporels. Le premier sollicite et dirige ces

---

1. Cf. D^r S. *La Volonté* ; *La Vie affective.*

mouvements, mais c'est en fait le second qui les produit.

La science *officielle* voudra-t-elle considérer avec attention la théorie d'Adamkiewicz qui brise si complètement avec ses données ou plutôt avec son parti pris d'ignorance ? Nous n'osons l'espérer, et nous le regrettons ; car cette théorie nous paraît fondée et pleine de promesses. Nous aussi, nous croyons que le cervelet est la source de l'énergie nerveuse et qu'il préside de loin à tous les mouvements de la vie. Mais nous nous séparons complètement d'Adamkiewicz sur la question du cerveau, parce qu'il ne tient pas compte des faits les mieux vérifiés de la cérébrologie.

Le cerveau est bien, comme l'a démontré la science, un *organe de sensibilité et de mouvement*, et il n'est que cela. Il n'est pas l'organe de l'intelligence ou de la volonté, il ne produit pas la raison ni le jugement. Mais il gouverne l'action musculaire, il préside aux mouvements. L'existence des centres moteurs de l'écorce n'est pas seulement attestée par les expériences de laboratoire, par les autopsies de malades longuement observés au lit d'hôpital, elle l'est encore par les merveilleuses interventions de la chirurgie à l'occasion de traumatismes craniens ou de tumeurs cérébrales. Quoi de plus décisif que le cas d'un malheureux frappé de paralysie d'un membre, auquel une habile trépanation rend rapidement le mouvement et la vie ! Il faut se rendre à l'évidence : la doctrine des localisations est établie, au-dessus de toute contestation, et ce n'est pas l'imagination aventureuse d'un auteur qui arrivera jamais à l'ébranler.

CHAPITRE XII

## Le psychisme cortical

Toute l'écorce cérébrale serait préposée à l'élaboration de la pensée, ou à sa sécrétion, comme disait Karl Vogt, et les neurones y seraient tous *psychiques* ou *intellectuels*.

Telle est la thèse en vogue dans le monde médical et scientifique. Elle ne repose sur aucune preuve et est nettement rejetée par les maîtres. Nous l'avons toujours combattue, et nous la combattrons toujours non seulement au nom de la philosophie mais au nom de la science.

Et nous regrettons fort de voir prônée par le D<sup>r</sup> Grasset cette thèse nettement matérialiste. Le distingué maître de Montpellier n'est certes pas suspect, c'est un savant spiritualiste et chrétien. Raison de plus pour s'étonner de le voir se ranger parmi les sectaires dans la défense d'une mauvaise thèse.

Les textes ne laissent malheureusement aucun doute sur le sentiment du professeur Grasset. « Je ne me refuse pas, écrit-il, à accepter le mot *intellectuel* comme synonyme de *psychique*. Toute l'écorce est psychique ou intellectuelle : je l'ai souvent répété dans ce livre (1). » Il dit encore : « Tous les neurones psychiques doivent être localisés dans l'écorce cérébrale... Les phénomènes psychiques ont leur siège dans le cerveau, sont tout aussi physiques, somatiques et physiologiques que les autres phénomènes du système nerveux et que les phénomènes digestifs ou respiratoires... Tous les phénomènes dits psychiques se produisent et se développent dans les neurones de l'écorce cérébrale : *le psychique, c'est le cortical.* »

Qu'on n'objecte pas le sens étymologique du terme *psychique* pour garder une parcelle même grammaticale de spiritualisme. Notre savant confrère écarte le mot *âme* comme antiscientifique ou plutôt antiphysiologique, plus exclusif sur ce point que les plus grands maîtres. « Primitivement, écrit-il, étymologiquement, le mot psychique s'appliquait à tout ce qui a rapport à l'âme, comme la psychologie était la science de l'âme. Le mot « âme » doit conserver son ancien sens d'âme des spiritualistes : *je n'ai donc pas à m'en occuper ici.* Le physiologiste, qui ne s'occupe que de l'outil, du corps matériel doit appeler psychiques tous les phénomènes, toutes les fonctions dans lesquelles il y a de la *pensée* (mot qui comprend l'intellectuel et l'affectif) (2). » Décidément, nous sommes loin de Claude Bernard ! Ce n'est certes pas ce grand physiologiste qui eût dit : « Je ne m'occupe

1. *Physiopathologie clinique,* 1912, t. III, p. 745.
2. *Op. cit.,* p. 62.

que du corps, de la matière. » Nous avons vu combien
il était réservé ; mais du moins il savait reconnaître
dans les phénomènes biologiques le principe supérieur qui les relie, l'*idée directrice* qui les gouverne.
M. le professeur Grasset est plus modeste : il se
borne à considérer l'*outil*, sans proclamer l'ouvrier
qui le dirige, sans reconnaître l'âme qui anime le
corps. Il est vrai, hâtons-nous de le dire, qu'il parle
ici en physiologiste, confiné dans son laboratoire.
Qu'il entre dans son oratoire, et il aura un tout
autre langage...

Mais ne sortons pas du terrain scientifique. M. Grasset s'y déclare nettement organicien, matérialiste.
Et il n'est pas dépassé par les confrères libre-pen-
seurs, même par les plus décidés de naguère. On sait
quel succès remporta le matérialisme scientifique il
y a trente ans. Personne n'osait répliquer à ses
outrecuidantes affirmations. Il n'était question au cerveau que de cellules *pensantes* ou *intellectuelles*.
L'organe encéphalique était regardé comme la *glande
mentale,* source intarissable des pensées et des volitions. Tous s'inclinaient avec respect devant l'organe
noble que certains appelaient le *sanctuaire de l'âme.*

On est bien vite revenu de ces étranges idées,
avec le progrès des lumières, avec les découvertes
cérébrologiques, avec la féconde doctrine des localisations ; on a compris l'inanité des hypothèses et le
danger des théories en face des mystères de l'encéphale et on s'est tardivement résigné à se contenter
des faits établis, sans imaginer ce qu'on ne sait pas.

Tous les savants avertis s'en tiennent aujourd'hui à l'expérience, ne vont pas au delà : nous avons enregistré ailleurs (1) plusieurs de leurs témoignages. Mais ils ont fait mieux : ils ont constaté l'insuccès de tous les efforts tentés pour localiser non pas les facultés psychiques, mais les facultés supérieures, l'intelligence et la volonté, et ils n'ont pas eu peur de le proclamer. C'est ainsi que s'est établie dans la science la doctrine de la *non localisation de l'esprit*. M. le D<sup>r</sup> Grasset avoue lui-même qu'elle est *classique*, mais il la combat énergiquement. Nous estimons qu'il a tort.

La localisation de l'intelligence a été vainement poursuivie depuis cinquante ans : elle est irréalisable. Et nos maîtres ont été trop abusés par les mots, trop souvent déçus par les faits pour ne pas se rendre à l'évidence. Pourquoi M. Grasset refuse-t-il d'adhérer à leur sentiment convaincu ? Espère-t-il nous faire illusion sur notre ignorance avec les grands mots de *neurones psychiques* ? Il n'aura pas plus de succès avec eux que les anciens avec leurs cellules *pensantes* et *volitives*. La science ne s'élève pas avec des mots, mais avec des faits. Nous sommes tous las, écœurés de la phraséologie vaine et ne prétendons faire crédit qu'à une cérébrologie raisonnable. Et les savants se rangent à l'avis de Munk : il qualifie de *Gedankenspiel* toutes les recherches de l'esprit dans le cerveau.

---

1. *Le Cerveau* ; *l'Ame et le Cerveau*.

M. le D<sup>r</sup> Grasset reconnaît de bonne grâce que l'intelligence et la volonté n'ont pas été localisées dans la couche corticale, mais il lui coûte d'avouer qu'elles n'y sont pas *localisables*. Il a pourtant accumulé les observations pour établir sa thèse. « Ce qui me paraît dominer la science clinique dans les cas de lésion des lobes préfrontaux, écrit-il, c'est l'affaiblissement des fonctions psychiques supérieures et l'émancipation des centres psychiques inférieurs qui, échappant au contrôle ou à la frénation de O, prennent la direction exclusive de la vie psychique et deviennent d'une activité exubérante et maladive (1) ». Les conclusions que tire notre confrère de Montpellier ne sont ni claires ni complètes, elles ne sembleront concluantes à personne. Et le maître lui-même n'y tient pas. Ne dit-il pas en terminant : « En tous cas — *et c'est la seule conclusion à laquelle je tienne* — il ne faut pas avec Munk traiter de Gedankenspiel les études et les essais faits pour tâcher de localiser les fonctions psychiques dans le cerveau ». Le D<sup>r</sup> Grasset « encourage tous les cliniciens à apporter des matériaux à cette recherche et à cette détermination *qui sont possibles*. »

Voilà le dernier mot de la science... de M. Grasset. Elle ne sait rien *aujourd'hui* sur la localisation rêvée, mais elle escompte l'avenir. *Demain,* nous saurons le siège de l'intelligence ; *demain,* nous déterminerons celui de la volonté. Il faut vivre sur cette pro--

_______

1. *Op. cit.*, p. 249.

blématique espérance et faire fond sur de vagues possibilités.

Franchement nous pensons rester fidèles à l'esprit scientifique et attachés à la méthode expérimentale en refusant de le suivre dans cette voie douteuse et en professant hautement que la localisation des facultés supérieures de l'esprit n'est ni pressentie ni démontrée. Nous avons avec nous tous les maîtres de la science, et nous sommes forts de l'enseignement de la philosophie traditionnelle.

# CHAPITRE XIII

## Le problème cérébral

Comment connaître la physiologie de l'esprit si
l'on ne connaît pas la physiologie du cerveau qui lui
sert de base et d'instrument ? Or, nous l'avons dit,
et il est presque oiseux de le répéter, non seulement
le cerveau n'est pas connu dans son fonctionnement
physiologique, mais il est à peine exploré dans la multiplicité de ses centres et de ses organes. Nous ignorons
encore profondément la physiologie de l'encéphale,
et c'est dans ces conditions que des savants se rencontrent assez hardis, assez téméraires pour s'attaquer au problème cérébral et prétendre le résoudre.
N'est-ce pas aller au-devant d'un échec certain ?

Le problème cérébral nous préoccupe depuis longtemps. Les extrèmes difficultés qui l'entourent le rendent particulièrement tentant aux esprits chercheurs.
Mais ce n'est pas là la raison principale de nos
préférences. Nous nous sommes attachés à une question qui nous a paru la *clef de voûte* de beaucoup
d'autres. Que de problèmes de l'ordre moral et intellectuel se rattachent au problème cérébral et en dépendent étroitement ! Il nous a semblé que sa solu-

tion importait essentiellement à la philosophie et à la science qui s'y trouvent intimement unies et intéressées.

Mais, pour résoudre un problème, il faut bien le connaître et en poser nettement les termes. *Un problème bien posé est à moitié résolu.* Or il suffit d'être un peu au courant de la littérature du sujet pour savoir combien le problème cérébral est souvent mal compris et mal présenté : les auteurs se partagent en deux camps bien tranchés. Les uns ne tiennent pas compte des organes nerveux centraux et tirent toute leur science de l'introspection. Les autres négligent la conscience pour ne faire état que des faits constatés dans les cliniques et les laboratoires. Tous manquent d'ampleur dans leurs investigations et n'aboutissent qu'à des résultats incomplets et à des conclusions erronées. Pour aborder utilement le problème cérébral, il faut en embrasser exactement les termes, scruter les profondeurs de la conscience comme celles de l'organe encéphalique, se montrer également pénétré de philosophie et de science. On a justement accusé les philosophes de ne pas être renseignés sur les résultats de la science ; mais le même reproche ne peut-il pas être retourné contre les savants dédaigneux des faits de conscience ? Nous l'avons dit en toute vérité, le cérébrologiste doit être doublé d'un psychologue.

Fort de cette conviction raisonnée, nous avons écrit, il y a vingt ans, un livre (1) pour poser les ter-

---

1. *Le Problème cérébral*, Masson.

mes du problème cérébral et nous sommes fier de constater que nos conclusions n'ont pas vieilli et restent entières. La question se pose toujours la même, et elle ne se résoudra qu'autant qu'on en embrassera tous les termes.

Ces termes sont empruntés à l'expérience interne et externe, à l'introspection et à l'observation. D'une part, il y a la pensée, de l'autre le cerveau : quels sont les vrais rapports de l'un à l'autre ? Voilà le complexe et troublant problème.

La psychologie n'a pas moins de droits que la physiologie à le résoudre. La raison qui préside à toute notre vie psychique et qui gouverne nécessairement toute recherche sérieuse, vaut bien les faits qu'elle domine et interprète. La conscience n'a pas moins d'évidence que les sens trompeurs.

Les philosophes étudient la pensée ; les savants le cerveau. Ils doivent mutuellement connaître, échanger leurs données. Pour se comprendre et arriver à un commun accord, les premiers ont pour devoir d'admettre les relations intimes que l'intelligence contracte avec la sensibilité, par suite avec l'organe nerveux, comme les autres doivent nettement se rendre aux résultats de l'introspection et débarrasser la science des erreurs matérialistes qui la défigurent et la déshonorent.

Quand s'établira cet accord si désirable ? Quand se fera le pacte si nécessaire à la solution du problème cérébral ? Hélas, on n'ose en parler, tant l'abîme se creuse profond entre ceux qui respectent la philosophie et ceux qui la dédaignent, entre les partisans et les adversaires de *l'âme*. La lutte se poursuit, ardente, implacable, entre le spiritualisme et le matérialisme, et Dieu sait quand elle finira.

Ce qui perpétue le désaccord, c'est la confusion voulue, obstinée, incessante de la sensation et de l'intelligence, de la bête et de l'homme. La plus élémentaire philosophie suffirait à la dissiper ; et d'ailleurs la simple observation la condamne. Mais on s'y tient aveuglément pour servir une mauvaise thèse. Et pourtant il faudra tôt ou tard y renoncer, au nom de la logique.

La *vie animale* appartient à l'homme et à la bête : elle ne saurait être assimilée à la vie intellectuelle qui nous est propre. Commençons donc par nous rendre compte de cette première vie qui sert de support à l'autre et s'ouvre le plus facilement à nos investigations. La voie de la science est là : on ne saurait trop l'indiquer à une époque où les savants, grisés par leur imagination féconde et par quelques découvertes heureuses, s'égarent et se perdent dans les conceptions les plus extravagantes sur la vie psychique dont ils ignorent le premier mot. A quoi bon se lancer dans de vaines hypothèses ? Pourquoi ne pas revenir tout simplement au terrain solide des faits et ne pas s'en tenir aux seuls résultats de l'observation, pour dérober à la nature les secrets de l'organisation vivante ? De ce côté un champ de travaux presque illimité est ouvert aux hommes de science : qu'ils l'explorent hardiment en tous sens,

qu'ils s'y tiennent. C'est leur domaine, et personne
ne le leur contestera. La moisson promet d'y être
abondante et fructueuse. La *vie animale* recèle de
mystérieux arcanes qui s'ouvriront aux chercheurs.
Ils n'auront pas là de deceptions, ils n'auront pas
affaire aux complications extrêmes qui naissent chez
l'homme adulte de la coopération de l'intelligence et
de l'imagination et que l'analyse philosophique seule
est capable de débrouiller avec le concours de la physiologie, et ils pourront utilement étudier les formes
si variées de la sensibilité, leur siège, leurs conditions, leurs relations. Le labeur est immense, et les
ouvriers sont rares.

Que de mystères seulement dans la vie animale !
Que d'efforts à faire encore pour les pénétrer ! N'est-
il pas indiqué, nécessaire, rationnel, dirons-nous à
tous les savants, de chercher à les connaître, à les
démêler avant de vous attaquer vainement aux processus du psychisme supérieur, avant de prétendre
révéler le « mécanisme de la pensée » ? Vous croyez
connaître le cerveau « pensant », et vous ne con-
naissez pas le cerveau vivant et sentant ! Vous vou-
lez atteindre le sommet de l'édifice humain sans passer par la base, posséder le psychisme supérieur
avant d'avoir le psychisme inférieur, divulguer les
secrets de l'intelligence humaine avant ceux de l'animal ! Renoncez à cette inconséquence ou cessez de
poursuivre une tâche impossible.

# CHAPITRE XIV

## La vie animale et les localisations

La *vie animale* nous est commune avec les bêtes et se résume dans les diverses formes de la sensibilité. Ses manifestations nous sont familières, et pourtant depuis tant de siècles qu'on les observe, on est encore très mal renseigné sur leurs conditions organiques et sur leur cause intime. Nous sentons, nous percevons, et nous ne savons pas *pourquoi* et *comment* notre faculté s'exerce. N'y a-t-il pas là pour notre vain orgueil une occasion salutaire de se fondre ou plutôt de nous confondre ?

La sensibilité est une faculté matérielle du corps vivant. Elle a pour organes l'encéphale et le système nerveux médullaire et périphérique. Ses fonctions sont multiples et servent également chez l'homme la vie animale et la vie de l'esprit. Énumérons-les rapidement.

Ce sont d'abord les *sens externes* au nombre de cinq : la vue, l'ouïe, le goût, l'odorat et le toucher, puis le *sens intime* ou *commun* qui siège au cerveau et est le centre coordinateur des sens externes. La *mémoire* et l'*imagination* localisées aussi au cerveau, servent à emmagasiner et à représenter les images reçues par la sensibilité externe. L'*instinct* rudimentaire chez l'homme et très développé chez la bête est un sens interne qui se superpose en quelque sorte au sens commun : c'est lui qui gouverne les besoins et règle les actes de la vie animale.

A côté de la sensibilité commune se place la *sensibilité affective* qui joue un grand rôle dans la vie de relation. Les deux sensibilités vont de pair, s'unissent, se complètent, coopèrent. La connaissance sensible est utile, nécessaire ; mais qu'elle serait vaine sans l'*appétit* qu'elle éveille et qui à son tour provoque et nourrit l'action ! Les *passions* sont l'aliment de toute notre activité : elles ont dans l'existence animale une importance qu'il n'est pas besoin de signaler. Chez l'homme elles acquièrent une haute valeur et, par leur union avec l'intelligence, donnent naissance aux *sentiments* et aux *penchants*. Les physiologistes ne se sont pas encore préoccupés de découvrir leur siège encéphalique ; mais nous croyons avec le Dʳ Courmont qu'il est au cervelet (1).

On voit par ce rapide exposé le vaste domaine où s'exerce la sensibilité, mais on est obligé de constater les grosses lacunes de la science. La vie animale qui paraît si simple est des plus compliquées, et nous en ignorons les principales fonctions. Que savons-nous de l'instinct ? Quel est le mécanisme de la mémoire ? Comment se forment les images ? Il n'est

___
1. Dʳ S. *La Vie affective ; La Volonté*.

pas jusqu'aux formes les plus élémentaires de la sensibilité qui ne soient fermées à nos investigations. Et l'on se demande comment les psycho-physiologistes osent trancher les problèmes les plus élevés du psychisme, quand ils sont incapables de solutionner les plus humbles. La plus simple logique commande, quand on entreprend un édifice, d'en poser d'abord les bases, de ne pas construire en l'air.

Les notions commencent à nous arriver sur les *sens externes*, mais nous sommes encore loin d'être exactement renseignés. Hier encore on s'en tenait aux apparences et on localisait toute la sensibilité dans les organes périphériques. La science n'était pas plus avancée que le vulgaire : on croyait que la vue s'exerçait exclusivement par l'œil, l'ouïe par l'oreille. La doctrine des localisations cérébrales, nous allons le voir, a fait abandonner cette conception grossière. Mais nos aînés n'étaient pas, plus que nous d'ailleurs, édifiés sur le mécanisme de la sensation, et il faut avouer sur ce point l'insuffisance de la science.

Les merveilles de la vue nous éblouissent en nous déconcertant. Nous ne comprenons pas que les couleurs soient si variées, comportent des nuances indéfinies, tout en se ramenant aux fondamentales du spectre solaire. L'étude microscopique de la rétine a fait de nos jours des progrès considérables, mais n'est pas encore assez complète pour expliquer les différences des couleurs. Il semble toutefois que les éléments nerveux sont spécialisés, ne répondent pas de la même manière aux rayons lumineux ; il est pro-

bable que chacun d'eux n'est sensible qu'à une lon-
gueur déterminée d'ondes. Si au lieu de parler des
couleurs nous mettions en cause les lignes et les
figures, il nous serait difficile de cacher le déficit de
la science. Nous avons une foule de notions qui nous
manquent sur la constitution et le jeu de la rétine ;
et les eussions-nous, nous ne connaîtrions qu'une
infime partie du mystère, car la rétine ne constitue
qu'un des éléments de la vision.

Que dire de l'ouïe dont l'organe, l'oreille, reçoit
les sons ? Nous croyons comprendre les éléments de
ce sens et nous les connaissons à peine. Les anatomistes ont révélé déjà les merveilles incomparables
de l'oreille interne, ils ont compté les 13.400 fibres
de Corti qui enregistrent l'intensité, la hauteur et le
timbre des sons, ils avouent qu'ils n'ont fait qu'effleu-
rer le problème. Les physiologistes sont encore moins
avancés.

L'*odorat* s'exerce par le nez ou plus exactement
par le tiers supérieur de la muqueuse pituitaire. Le
*goût* a son siège dans la langue ou plutôt dans ses
papilles. Ces deux sens sont intimement associés
pour exercer la gustation. Kant appelait le premier
le *goût à distance*. Et Brillat-Savarin voyait justement dans l'odorat et le goût « un *seul sens* dont la
bouche est le laboratoire et le nez la cheminée, ou,
pour parler plus exactement, dont l'un sert à la dégustation des corps tactiles et l'autre à la dégustation des
gaz ». Malgré tout son intérêt, l'étude de ces sens est
à peine ébauchée.

Le *toucher* ou le *tact* est le premier et le plus essentiel des sens externes. Il s'exerce par la peau et les muqueuses, surtout par la pulpe des doigts pourvue de *corpuscules du tact*, terminaisons des nerfs. Il comporte deux sens distincts, le toucher proprement dit et le sens de température, dont on cherche encore l'organe spécial. Le sens de pression qui passe vite au sens de douleur n'est qu'une exagération des deux autres. Les travaux se poursuivent sur le sens du tact qui est très complexe et nous réserve plus d'une surprise.

En dehors des cinq sens, les auteurs ont admis souvent le *sens musculaire* qui accompagnerait les mouvements musculaires et guiderait les autres sens. Ce prétendu sens est très discuté ; il ne paraît à plusieurs qu'un dérivé du sens tactile. Il n'y a pas lieu d'admettre un *sens vital*, le sens de la *faim*, le sens de la *fatigue*, etc. La multiplication des sens par les auteurs n'accuse qu'une étude superficielle et une analyse insuffisante des phénomènes.

Le *plaisir* et la *douleur*, qui accompagnent nos sensations, ont été aussi considérés comme des sens à part. Mais ce ne sont pas à bien dire des qualités de la sensation, ce sont des mouvements sensibles, affectifs qui apparaissent dans la conscience surajoutés aux sensations et qui se rattachent nettement aux appétits et aux passions. Leur nature a été jusqu'ici à peine entrevue par la science officielle. Des années passeront avant que nous sachions *pourquoi* et *comment* nous aimons et nous souffrons.

En attendant, nous possédons quelques données
sur la constitution et le fonctionnement du cerveau.
Nous les devons à la féconde doctrine des localisations
qui date de quarante ans (1). Les physiologistes et à leur
suite les cliniciens se sont préoccupés de déterminer
le siège des fonctions de la vie animale, et leurs efforts
ont été souvent couronnés de succès. Aucun point
de la masse nerveuse n'a échappé à leurs investigations. On y suit, on embrasse, on comprend enfin
les relations fibrillaires qui unissent les centres cérébraux aux organes de la sensibilité externe, et, malgré quelques lacunes importantes, on peut déjà se
rendre un compte exact du siège des sensations.

Tous les centres sensitifs de l'écorce ne sont pas
découverts. Un seul a une localisation bien établie :
c'est le centre de la vue.

Le centre cortical visuel siège dans la partie du
lobe occipital qui confine à la scissure calcarine, au
cunéus et au lobule lingual. De là on peut suivre dans
chaque hémisphère le trajet des fibres conductrices
qui vont à travers le mésocéphale rejoindre le chiasma
des nerfs optiques et finalement aboutir à la rétine.
Ces relations des deux extrémités de la chaîne nerveuse sensible (centre cortical visuel et rétine) sont
confirmées d'une manière éclatante par l'expérimentation et la clinique. Toute lésion grave de l'œil
entraîne la dégénérescence et l'atrophie du centre
cortical visuel, de même que toute lésion étendue de

_______________

1. D^r S. *Le Cerveau* ; *Le Problème cérébral* ; *L'Ame et le Cerveau*.

l'écorce occipitale cause l'atrophie des cordons nerveux subordonnés et de la rétine, la perte de la vue. La physiologie du sens n'est pas aussi avancée que son anatomie, et il reste encore bien des points à élucider. Cependant nous savons déjà que chaque hémisphère voit et regarde du côté opposé, avec les deux yeux (Grasset).

Le *centre acoustique* ou *auditif* a été placé dans la circonvolution temporale. On a prétendu que l'atrophie de cette circonvolution concordait avec la surdimutité (Mill, Broadbent) et que ses lésions, inflammations ou tumeurs, avaient pour résultat des hallucinations de l'ouïe (Gowers, Hughes Bennett, John Fergusson). De plus récents travaux ont fait contester cette localisation. Le *centre olfactif* qu'on fixe dans la circonvolution de l'hippocampe et le subiculum de la corne d'Ammon (Ferrier, Luciani, Munk, etc.) est très problématique. Il en est de même du *centre tactile* que Ferrier a cru découvrir dans la corne d'Ammon. Mais tout nous permet d'espérer que les différents sens seront bientôt localisés comme l'a été le sens de la vue.

La sensation cesse d'être inexplicable depuis qu'on en connaît tous les termes. On saisit le rôle sensitif des centres corticaux non moins que celui des organes périphériques, et l'on comprend que les uns et les autres soient subordonnés à l'intégrité des fibres unissantes, à la libre circulation de l'influx nerveux entre les deux pôles de la chaîne sensible. Il est clair que la sensation ne peut s'exercer si l'organe sensible n'est pas exactement relié aux centres corticaux, si le jeu de l'influx nerveux n'est pas assuré. Toute interruption du faisceau des fibres commissurantes, sur son parcours intra-cérébral, qu'il s'agisse de vision, d'audition ou de tout autre sens, doit nécessairement donner lieu à la perte de la sensation. Les malheureux chez lesquels cet accident survient par suite de lésions, hémorragie ou tumeur, sont privés de sens tout en gardant les organes essentiels : *ils ont des yeux et ils ne voient pas, ils ont des oreilles et ils n'entendent pas*, etc. Pourquoi ? Parce que la communication se trouve rompue entre l'organe sensible et son centre cérébral, entre les deux pôles nécessaires de la chaîne sensible.

Il y a donc, dans toute sensation, deux organes, deux centres, subordonnés l'un à l'autre, mais distincts l'un de l'autre: l'organe périphérique et le centre cortical du cerveau. Ils sont également nécessaires, également associés et inséparables. L'analyse philosophique les distingue et les sépare comme le scalpel de l'anatomiste, pour la facilité de l'étude, mais l'acte sensible les embrasse, les unit et les confond pour ainsi dire ensemble. Quand un des organes est entravé, malade, détruit, la sensation ne peut plus s'accomplir : des exemples nombreux fournis par la clinique et l'expérimentation en témoignent nettement. Si l'on enlève à un animal les hémisphères cérébraux, l'œil semble encore accessible aux rayons lumineux, l'oreille peut recevoir les ondes sonores, le nez reste ouvert aux odeurs, mais *il n'y*

*a plus de sensation.* Inversement les centres sensitifs de l'écorce demeurent impuissants et inutiles
quand les organes des sens sont enlevés ou détruits.

Le concours de l'organe sensible et de l'écorce
cérébrale est indispensable pour sentir ; mais, hâtons-
nous de l'observer pour dissiper toute équivoque, ce
concours est simultané. Tout en distinguant les deux
organes, gardons-nous de voir *deux* fonctions au lieu
d'*une*, gardons-nous de méconnaître l'unité fondamentale de la sensation. L'acte physiologique de la
sensibilité ne se scinde pas : il est un et indivis.
Comme le dit si bien Bossuet, la sensation s'excite
au centre cérébral, au point où l'enchaînement nerveux finit ; mais elle se rapporte *instantanément* au
point où l'enchaînement commence, c'est-à-dire à
l'objet même que l'organe périphérique a saisi et dont
Il s'est en quelque sorte imprégné. Toute la *chaîne
sensible* est alors frémissante et en mouvement, et
ses deux pôles communiquent et correspondent avec
un accord parfait, avec une saisissante spontanéité.
Quand on sent, il est vrai de dire que la sensation
s'opère à la fois par l'organe du sens et par l'écorce
cérébrale. Ce qui sent, en effet, ce n'est pas l'organe
nerveux périphérique, ce n'est pas davantage le cerveau, c'est l'âme vivante que ces puissances incar-
nent et qui préside à toutes les opérations de l'organisme. L'unité frappante de l'acte sensible trouve là
son explication complète, que le matérialisme n'arrivera jamais à fournir. L'âme qui anime tout l'être,
prend dans l'écorce conscience de la sensation en

même temps qu'elle reçoit l'impression de l'objet dans
l'organe du sens ; et l'acte sensible s'opère immédiatement d'un seul coup.

Tel est le simple et harmonieux agencement de la
sensibilité commune ; il déconcerte notre pauvre
science, mais nous fait incliner étonné, confondu et
ravi devant une incomparable merveille qui accuse la
main du Créateur.

CHAPITRE  XV

## Le sens commun

Chacun de nous a le sens commun ou croit l'avoir.
C'est un fait certain : à moins d'être idiot ou fou, nous
avons tous le sens commun. Et pourtant le langage
usuel n'est pas sur ce point d'accord avec la rigueur
des termes. Le sens commun, pour le vulgaire, c'est
le bon sens, ou plus exactement la raison. Aucun de
nous n'en est dépourvu, c'est incontestable. Mais à
proprement parler, et pour le philosophe, le *sens commun* est autre chose, tout en ne cessant pas d'être
notre faculté à tous: c'est le pouvoir que nous avons
de percevoir notre propre sensation et de grouper
en les coordonnant les sensations de nos différents
sens. Les anciens ont admirablement observé la vie
psychique : ils n'ont pas hésité à admettre à côté et
au-dessus des sens externes ce sens commun, qui les
unit étroitement et les met au service de l'esprit. Les
modernes n'ont pas vu si loin ni si juste : entraînés
par le zèle de la destruction et l'amour des nouveautés, ils ont perdu plus ou moins le sens commun. Ne
feraient-ils pas œuvre utile en y revenant et en comprenant, comme les scolastiques, les grandes lois de

la sensibilité? C'est notre avis, et nous espérons le faire partager au lecteur.

Les sens sont divers, et leur exercice peut être simultané. On entend et on voit à la fois. Par exemple je vois la plume que ma main dirige, et j'entends les grincements qu'elle cause en couvrant le papier des caractères d'écriture. En même temps se produisent des sensations tactiles, visuelles, auditives.

Assurément ce n'est pas l'œil qui touche, ce n'est pas la main qui voit, ce n'est pas davantage l'oreille qui touche ou qui voit. Chacun de ces sens opère pour son propre compte et dans son domaine, il ne connaît que son opération particulière : l'œil se borne à voir, l'oreille à entendre, la main à toucher. Il faut donc admettre en nous un pouvoir distinct des cinq sens, capable de nous faire voir, entendre et toucher à la fois, qui groupe et associe les diverses sensations : c'est le *sens commun*.

Ce n'est pas tout. Il y a en nous une puissance qui non seulement réunit les diverses sensations, mais encore qui les distingue, les compare et les différencie. Pour y arriver, elle doit nécessairement les tenir sous une même observation ; et il n'y a qu'un sens commun capable de répondre à cette obligation.

Ce sens commun est de nature organique, d'ordre cérébral. Et ce qui le prouve nettement, c'est que la maladie peut l'altérer. On voit des individus qui ne savent pas différencier leurs diverses sensations ou plus exactement qui confondent un sens avec l'autre. Citons l'exemple bien connu de l'*audition colorée* qui fait attribuer aux sons des qualités visuelles, alors que toutes les facultés s'exercent normalement, alors que le patient n'est ni halluciné ni fou. Il faut admettre alors un trouble cérébral, une déviation anormale du sens commun.

Un maître philosophe, Mgr Mercier, s'est demandé (1) s'il est bien nécessaire de faire du sens commun une faculté spéciale dont l'organe serait localisé en dehors des sens, et si son rôle ne pourrait pas être tenu par les sens externes eux-mêmes, qu'unit invinciblement le sujet sentant. La question est d'importance, et le savant auteur hésite à la résoudre conformément à la doctrine d'Aristote et de toute la tradition.

La nécessité d'un *sens commun* vient de ce que nous unifions des qualités sensibles relevant de sens différents et que nous les distinguons les unes des autres. Aristote fait ici une comparaison qui est juste quoique imparfaite. Supposons, dit-il, deux individus. L'un goûte un breuvage sucré, l'autre voit un objet blanc. Aucun d'eux ne sera en état de comparer le blanc et le sucré, aucun d'eux ne pourra discerner entre elles ces deux qualités sensibles. Supposons maintenant, continue le Stagirite, supposons que chez nous le sens du goût et le sens du toucher fussent deux sens à part, sans lien commun, comment pourrions-nous unir leurs objets respectifs dans le même substratum, comment arriverions-nous à distinguer des qualités que perçoivent des sens différents ? Or, il est

1. *Psychologie*, p. 175.

incontestable que cette opération a lieu, et que nous en bénéficions tous. Donc il faut conclure que nous sommes doués d'un *sens commun* distinct des cinq sens extérieurs.

Mais, dira-t-on, l'intelligence n'est-elle pas là pour servir de lien supérieur, pour embrasser les diverses sensations, pour tenir lieu de sens commun? Aristote prévoit l'objection et la réfute facilement. L'animal n'a pas d'intelligence, et pour lui, au moins, ce sens commun est indispensable. De plus, l'intelligence a un assez beau et assez vaste rôle pour qu'on ne l'étende pas démesurément : elle sert à l'homme à penser et à réfléchir, à unir et à distinguer des objets abstraits. Quant aux qualités sensibles concrètes, le sens organique ne suffit-il pas à les grouper et à les différencier ? La faculté sensible s'exerce dans son domaine propre chez l'homme comme chez l'animal.

Mgr Mercier ne paraît pas se rendre aux bonnes raisons de la philosophie traditionnelle. Il lui reproche de ne pas résoudre la difficulté, il l'accuse de la *déplacer.* « Après tout, écrit-il, l'organe du sens commun est lui-même composé de parties. Chacune de ces parties percevra donc, selon la théorie, l'acte spécifique d'un sens extérieur et l'objet de cet acte sensitif. Mais ne voit-on pas que dès lors chaque partie se trouve dans le cas des individus isolés dont parlait Aristote et auxquels il refusait le pouvoir d'associer et de discerner des qualités spécifiquement différentes ? »

Notre auteur est subtil et semble s'écarter ici de la

claire vue des choses. Il sait aussi bien que nous que la sensation est toujours une, bien que s'opérant par des éléments nerveux multiples. L'unité qui existe dans toute opération d'un sens externe n'est ni contestée ni contestable : elle se retrouve dans celle du sens commun. Rien n'est plus simple, ni plus facile à comprendre.

« Il y a plus, continue Mgr Mercier. Quand nous disons que l'hypothèse d'un sens commun à part déplace la difficulté sans la résoudre, nous ne disons pas assez. Au fait, elle la *complique*. En effet, une des fonctions que l'on attribue au sens commun, qui prend alors le nom de *sens intime*, c'est la perception de l'*acte* des sens extérieurs. L'œil qui voit la lumière et les couleurs est incapable, dit Aristote lui-même, de voir son acte de vision ; car pour qu'il vît son acte de vision, il faudrait qu'il se vît voyant, qu'il se perçût agissant. Or un organe matériel est incapable de *se* connaître lui-même, ce qui ne serait ni plus ni moins qu'un acte de réflexion proprement dite. Il faut, pour réfléchir, une faculté immatérielle. La faculté qui accomplit les actes de sens intime doit donc être autre, semble-t-il, que les sens extérieurs, de sorte que nous revenons, par une nouvelle voie, à la conclusion de tantôt, à savoir que le principe du sens commun et du sens interne ne peut se confondre avec les facultés sensitives extérieures. (*De animâ*, lib. III, chap. III.)

« Fort bien, mais *voir*, qu'est-ce, se demande Aristote, que ce problème tourmente beaucoup, sinon

percevoir la lumière et les couleurs ? Pour connaître
que l'œil *voit*, il faut donc voir la lumière et les couleurs, et pourtant l'acte de vision n'est ni éclairé ni
coloré. Il faudrait donc que le sens intime atteignît
à la fois l'objet et l'acte qui le perçoit, la couleur et
l'acte qui la voit. De là une double conséquence qu'il
semble bien difficile d'admettre : la première, c'est
que nous aurions deux facultés pour un même objet,
un sens extérieur d'abord et le sens intime ensuite
atteignant l'un et l'autre une même qualité sensible
du monde extérieur ; la seconde, c'est que nous de-
vrions accorder à une même faculté le pouvoir de
saisir des choses aussi diverses qu'une couleur et la
vue d'une couleur, un objet senti et un acte de sensation. »

Notre auteur complique à plaisir la difficulté. Le
sens commun n'accapare pas toute la cérébration : il
groupe, unit les sens externes, mais ne se substitue
pas à eux. Il embrasse leurs actes, mais n'atteint
qu'*indirectement* leurs objets. Il y a longtemps que
les scolastiques l'ont observé : l'organe sentant ren-
ferme en lui la reproduction intentionnelle de la chose
sentie, et le sens commun n'a qu'à l'y saisir. Pour
bien dire, il n'y a pas d'abîme entre la sensation et
son objet. « *Sensibile in actu* et *sentiens in actu* sunt
*idem* », disaient les anciens. La chose sentie et la
sensation, considérées en acte se confondent, sont
une seule et même chose.

Mgr Mercier estime que cette réponse ne tient plus
devant les dernières découvertes de la science. Illu-

sion généreuse ! Sommes-nous aussi édifiés qu'il le croit « sur la nature indécise de la ressemblance entre l'espèce sensible et la chose extérieure qui l'engendre » ? Et la physique autrefois outrecuidante dans ses prétentions n'est-elle pas devenue plus que modeste dans ses affirmations? Elle ne proclame plus la souveraineté, l'éternité de la matière, elle ne sait qu'en dire, elle se cantonne humblement dans les observations sans chercher la raison de rien. Elle offre à notre esprit des mystères plus insondables que les autres sciences de la nature. Ce que nous connaissons le mieux, il faut l'avouer, ce n'est pas le corps, ce n'est pas l'atome ni l'éther, *c'est nous-même;* et la psychologie demeure la reine des sciences, l'intarissable nourrice du savoir.

Le savant auteur n'en persiste pas moins à rompre avec la tradition et à refuser au sens commun le rôle d'une faculté spéciale. Suivons-le dans son argumentation. « Ce qui embrouille la situation, croyons-nous, c'est cette idée que le sens commun et le sens intime doivent constituer une faculté *à part,* avoir un organe *déterminé,* c'est-à-dire localisé en dehors des organes des sens et doué, comme ceux-ci, d'une fonction spéciale d'association ou de discernement. Au fond, Aristote et saint Thomas (*De animâ,* lib. III, lec. 3ₐ) présentaient une autre explication. Au lieu d'assigner au sens commun un organe spécial à part, ils voulaient lui donner pour base l'organe du toucher, tout juste parce qu'ils savaient que cet organe est répandu dans l'organisme entier. *C'est là, croyons-nous, le point de départ de la vraie solution.* Le sens commun ne désigne pas une faculté spéciale ayant une fonction à part, il représente le pouvoir d'associer nos sensations, et le sens intime désigne de son côté le pouvoir de sentir que les sensations s'accomplissent, autrement dit, que les organes des sens sont en fonction. Le travail d'association n'a donc pas pour organe un centre cérébral spécial, il dépend de l'action combinée des centres cérébraux affectés aux fonctions sensorielles et sensitives et de la conduction des fibres qui relient ces différents centres entre eux. Sans aucun doute, l'association des sensations *réclame tôt ou tard un principe d'unité*, sans quoi elles demeureraient juxtaposées, mais nous croyons que la *nature une* du sujet premier d'où toutes ces facultés émanent suffit à cela et qu'il serait superflu de faire appel à une faculté spéciale pour expliquer l'unification de nos sensations dans la perception d'un objet total. Quant au sens intime, il serait dû au sens musculaire qui accompagne l'exercice de la sensibilité extérieure. »

Arrêtons ici notre auteur pour le contredire au nom des faits. Attribuer le sens intime, très certain, au sens musculaire, qui est des plus hypothétiques, c'est excessif. Mais ce qui ne l'est pas moins, c'est de voir l'exercice de la sensibilité extérieure lié au sens musculaire. Rien n'est moins prouvé. Nombre de nos sensations s'opèrent sans aucune participation de l'activité musculaire. Il faut accepter les faits établis, mais se garder de suivre la « science officielle dans ses erreurs.

Mgr Mercier reconnaît le sens commun, puisqu'il le qualifie de *pouvoir* d'association, autrement dit de faculté. Mais il n'y voit pas une faculté à part sous prétexte que notre nature est *une* et suffit à tout. Avec un tel raisonnement, on irait à supprimer toutes les facultés et à ne voir, comme Descartes, que l'âme et le corps dans l'homme. Notre organisme est un assemblage d'organes et de fonctions unis et hiérarchisés : tout s'y tient dans une réciproque dépendance, dans une étroite communauté. Les fonctions sensibles sont subordonnées à d'autres fonctions ; et celles-ci sont à leur tour commandées par les facultés. Sans doute un tel ensemble est des plus compliqués, répugne à notre instinct de simplification ; mais il faut l'admettre comme résultant de la nature des choses. Nous devons prendre l'homme comme il est, *comme il se présente à notre observation*, et non comme il peut plaire à chacun de l'imaginer *pour se le figurer* et le comprendre.

C'est bien à tort que notre auteur cherche dans la clinique médicale une confirmation de sa thèse aventureuse. Les cas de *cécité psychique*, de *surdité psychique,* d'*agraphie* qu'il invoque à la suite des auteurs sont aujourd'hui controuvés, n'ont plus aucune valeur. Ils relevaient plus de la théorie que de l'observation ; et la découverte du *lobe de la mémoire* par le professeur Marie en a fait bonne justice.

« Le sens commun, conclut notre auteur, est le

pouvoir que nous avons d'associer nos sensations dans la perception totale d'un objet et ce pouvoir a pour base matérielle les centres des organes des sens et leurs fibres commissurales. » N'est-ce pas reconnaître la vérité de l'enseignement traditionnel, l'impossibilité de s'y soustraire ? Le pouvoir qu'on admet, c'est nécessairement la faculté classique ; et les centres corticaux qu'on lui donne pour base, c'est l'organe même de cette faculté. Dès lors, puisqu'on accepte la vieille doctrine, pourquoi partir en guerre contre elle, pourquoi la contredire ? Pourquoi dénigrer et rejeter l'enseignement scolastique, quand on se range si pleinement sous sa loi, quand on accepte ses essentielles données ?

Tout est-il dit sur le *sens commun ?* Il serait téméraire et faux de le prétendre, tant la question est difficile et encore mal explorée. La faculté sensible est acquise, incontestable, mais on se borne à en constater l'existence. Tout comme Mgr Mercier, hélas ! nous en ignorons absolument le mécanisme et le siège. Quel physiologiste sera assez heureux pour nous les révéler ?

# CHAPITRE XVI

## L'estimative

La bête n'a pas l'intelligence qui est d'un ordre transcendantal à la sensation et peut se définir la faculté d'atteindre et de connaître l'universel, l'immatériel. Mais on ne peut lui refuser certaines opérations psychiques, les « cogitations » dont parlaient les anciens, qui accusent des processus inférieurs de connaissance. On s'est rendu volontiers à l'accorder, et on a cru bien faire en attribuant en bloc ces phénomènes à l'*instinct*. Ce n'est pas assez dire. L'instinct n'est qu'une force aveugle, un simple appétit. Il est lui-même sous la dépendance d'une faculté spéciale de connaissance capable de diriger l'être sensible dans ses actes, de lui faire connaître ce qui est utile et ce qui est nuisible. Cette faculté inférieure et commune, on l'a déjà nommée : c'est *l'estimative*.

Voilà la faculté animale qui, s'appuyant d'une part sur les sensations actuelles qui lui servent d'excitatrices, de l'autre sur la mémoire, pourvoit aux besoins de la vie, aux exigences de la défense et suffit à expliquer les mœurs des bêtes si diverses, si réglées et en même temps si merveilleuses.

La sensation est toujours nécessaire à la mise en mouvement, à une sorte de déclanchement de l'appareil instinctif ; mais là se borne son rôle. Vient ensuite celui de l'*estimative* qui commande l'instinct : connaissance et appétit entrent en jeu et suscitent les actes compliqués que nous savons. Mais ces actes, tout compliqués qu'ils soient, sont ordonnés à une fin étroite et spéciale, ils ne varient pas pour chaque espèce animale : ils n'ont qu'un but, la reproduction, la conservation et la défense de l'organisme. Et chaque être présente une adaptation parfaite de son organisation à son instinct, ou plutôt toute espèce animale se distingue à cet égard par une uniformité frappante de tous les individus qui la composent.

L'*estimative* et l'instinct ont d'étroits rapports, et on ne les conçoit pas l'un sans l'autre. Domet de Vorges a prétendu naguère (*Revue néo-scolastique,* nov. 1904) diminuer l'importance de l'estimative et en faire une servante de l'instinct. C'est au contraire cette faculté qui commande à l'instinct, comme la connaissance est antécédente et supérieure à l'appétit. Mais, à bien dire, les deux puissances sont également nécessaires, se donnent un mutuel concours ; et il est vain de revendiquer la préséance pour l'une ou l'autre. L'instinct est une force aveugle qui n'aurait à elle seule aucune utilité : elle ne vaut que dirigée par un sens spécial, par une faculté de connaissance fondamentale, innée, propre à chaque espèce.

C'est évidemment cette faculté qui inspire les actes de la bête et qui déconcerte notre petite raison. Nous ne concevons pas à première vue comment les animaux obéissent à des lois si précises et si sages, pourvoient si habilement à leurs besoins, à leur propagation, déjouent avec tant d'astuce et de bonheur les pièges incessants de leurs ennemis et de l'homme même. Et nous sommes tout naturellement portés, en présence de mille traits de prudence et de prévoyance, à les mettre au compte de l'intelligence et de la volonté animales, à admettre des processus mentaux, une conception raisonnable, un plan intentionnel. Ne nous laissons pas prendre aux apparences et gardons-nous de l'erreur comme de l'illusion.

Nous n'avons pas absolument tort de croire à une intelligence, car elle est existante, mais elle n'est pas où nous la plaçons *a priori*. Elle est dans le Créateur qui a fait l'animal et l'a doté d'une faculté capable de le mener à sa fin. Et toute l'histoire naturelle apparaît à nos yeux ravis comme un splendide et vivant témoignage de la puissance, de la sagesse et de la bonté de Dieu. Il faut donner libre cours aux sentiments du cœur et plaindre les savants aveugles qui ne se rendent pas devant une preuve et prétendent expliquer la nature par elle-même, comme s'il y avait un effet sans cause.

Nous ne rappellerons pas ici les faits d'*intelligence* animale que rapportent les auteurs. A tous notre

explication suffit. Citons seulement le chien domes-
tique, dont les actes n'accusent pas seulement une
vive sensibilité affective, mais encore une réelle connaissance. Cette connaissance est assurément petite,
limitée, mais elle se rattache à la faculté sensible, qui
est susceptible d'être cultivée et développée. Même
en la supposant aussi étendue qu'on voudra, elle reste
inférieure, bornée, attachée aux besoins matériels de
l'animal.

Et c'est par une vaine hyperbole qu'à la vue de
ses tours, on vante *l'intelligence* du chien et qu'on
va répétant : « Il ne lui manque que la *parole !* »

Voilà, sans contredit, le trait distinctif de l'homme,
la caractéristique de l'intelligence. L'homme parle,
non pas parce qu'il a un larynx et des cordes vocales,
mais bien *parce qu'il pense.* La parole est le vêtement
de l'idée, le substratum de l'universel, le vivant
témoignage de la spiritualité. C'est en vain que les
matérialistes contestent ce point capital et que plusieurs s'évertuent à *donner la parole* à des singes
savants: ils n'arriveront pas à réaliser ce prodige.
L'animal soumis à une longue et pénible éducation
peut arriver à émettre, à *articuler*, si l'on veut, une
ou plusieurs syllabes, quelques mots, mais ce langage est un *langage de perroquet*, ce n'est pas et ce
ne sera jamais la parole. Le langage qu'il faut lui
reconnaître, c'est le cri aux modulations variées pour
exprimer ses appétits, ses impressions, ses passions.
Nous avons aussi ce langage et nous le combinons
souvent avec la parole. Mais il y a entre eux une

différence essentielle. L'homme seul a la parole articulée, où il ne faut pas voir seulement la voix, mais l'*âme* qui la pénètre et l'*idée* qu'elle exprime. Le chien n'a pas, il n'aura jamais la parole, parce qu'il n'a pas l'intelligence qui nous est propre, parce qu'il n'a pas de pensées conscientes et réfléchies à exprimer. Qu'on lui concède des processus psychiques inférieurs, des « consécutions d'images » ou même, si l'on veut, « une intelligence animale », c'est tout ce que permet une observation exacte. L'essentiel est de s'entendre sur les termes dont on use. Il n'y a pas de ressemblance, pas de rapport possible entre l'intelligence humaine, faculté spirituelle, et l' « intelligence animale », faculté inférieure et purement sensible.

*L'estimative* constitue le fonds de cette faculté animale. C'est elle qui commande les surprenantes merveilles de l'instinct, qui fait construire à l'hirondelle son nid, à l'abeille sa ruche, au castor ses digues et ses maisons. Elle sert admirablement les besoins de l'animal, mais elle se borne là : elle est essentiellement localisée, particularisée et ne connaît rien en dehors de son cadre étroit. C'est avec l'instinct une force aveugle, mais au service d'une fin déterminée, spéciale. Et ce n'est pas lui donner une explication suffisante et adéquate que de l'attribuer à un mécanisme réflexe comme le font les matérialistes, ni même à une *association d'images,* comme l'a pensé Mgr Mercier (1).

1. *Psychologie,* p. 222.

L'hypothèse d'un *mécanisme cérébral* qu'une seule et vulgaire impression suffirait à déclancher et à dérouler est assurément séduisante pour expliquer la vie cérébrale, mais combien insuffisante et fausse ! La sensation ne s'explique pas comme une machine, ne se ramène pas à la physique, ainsi que les matérialistes l'ont cru longtemps et que quelques-uns le croient encore. Et le *réflexe* dont on a usé et abusé est beaucoup plus complexe qu'on ne l'a rêvé. S'il présente chez les animaux inférieurs une simplicité relative, il cesse de l'avoir à mesure qu'on s'élève dans l'échelle des êtres. Considéré chez les vertébrés, chez les mammifères surtout, il ne se localise plus dans les centres médullaires, il est commandé par les centres cérébraux et confirme à sa manière la grande loi de l'*unité nerveuse*. C'est dire qu'on ne saurait compter sur lui pour fonder la théorie physique de l'instinct.

Les *associations d'images* n'arrivent pas davantage à rendre compte de cette merveilleuse puissance. C'est une pure *hypothèse psychologique*, qui n'a pas trouvé jusqu'ici le moindre appui dans les faits. Que les philosophes l'invoquent à tout propos, et même hors de propos, c'est incontestable ; mais est-ce une raison pour lui attribuer une valeur sérieuse ? Est-ce que l'*image* n'est pas un mot dont nous nous servons pour exprimer le résidu de la sensation, disons mieux, pour cacher notre ignorance du mystère cérébro-psychique ? Un seul philosophe a-t-il pu jusqu'à ce jour définir l'image autrement *que par elle-*

*même ?* Notre éminent ami, l'abbé Gayraud, a eu le courage naguère de confesser les vains efforts et la navrante impuissance de la philosophie pour résoudre ce gros et difficile problème ; et nous estimons qu'il n'y a rien à ajouter à sa conclusion (1).

Admettons cependant, avec toutes réserves, l'existence de ces *images*, de ces *fantômes* au cerveau. Elles ne sont rien sans un lien, sans une règle, sans synergie et coordination. Qui les commande, qui les associe et les groupe en utiles combinaisons ? Assurément ce n'est pas un *esprit* qui est nécessaire à un tel rôle, mais c'est *l'intelligence animale,* en d'autres termes l'*estimative* en rapport avec l'instinct. Faculté de connaissance en fonction de son but étroit et particulier, elle y est parfaite de sûreté et même d'infaillibilité, mais elle demeure bornée, incapable de toute science et de tout progrès. Elle est en tout cas plus qu'un simple assemblage d'images, elle est une puissance qui connaît ces images, qui les ordonne à une fin, elle est, en un mot, une faculté de discernement, l'*estimative.*

Quel est son siège au cerveau? Voilà ce que les philosophes ne savent pas, et ce que les physiologistes ne se sont guère préoccupés jusqu'à présent de rechercher. Et pourtant Dieu sait s'ils ont usé des vivisections, des trépanations, des ablations partielles ou totales du cerveau, et si de telles expériences étaient faites et conduites pour les mettre sur la voie

1. Cf. D^r S. *Centres cérébraux et images*, 1896, Sueur.

de la vérité. Mais qu'attendre de savants enfermés dans la basse et obscure prison du matérialisme et incapables de discerner les facultés sensibles des intellectuelles ou de distinguer la connaissance de l'appétit ? Ils ont passé à côté des faits sans les voir ou sans les comprendre.

L'ablation des lobes frontaux chez les chiens, quand elle est faite heureusement, produit comme résultat constant la stupeur, l'abattement, l'indifférence. Il semble que l'animal ne se préoccupe plus de rien, pas même d'assurer ses besoins. Il reste inerte et morne devant son maître, indifférent et stupide devant sa pitance ; et souvent son inertie est telle qu'on doit l'alimenter de force pour l'empêcher de mourir de faim. N'est-ce pas un signe probable qu'il a perdu la faculté de discernement, l'estimative ?

Nous ne pouvons rien affirmer de positif sur ce point, parce que les expériences n'ont pas été conduites avec méthode et rigueur, parce que l'esprit d'analyse philosophique manque à nos physiologistes, parce que la *psychologie animale* est mal connue et nous reste quand même très fermée. Mais il y a des présomptions en faveur de notre hypothèse. Et l'observation clinique ne vient-elle pas nous apporter une vive lumière et nous permettre de légitimes inductions ?

L'homme a comme l'animal l'estimative, avec cette différence que la faculté sensible est chez lui surélevée, qu'elle acquiert un développement et une valeur incomparables grâce à l'actif concours de la raison. Toutefois le siège cérébral n'en peut varier ; et bien

des faits tendent à l'établir au lobe frontal. Nous cite-
rons surtout les observations récentes et curieuses
du D<sup>r</sup> Chipault sur *l'épilepsie jacksonienne frontale* (1). « Je constatai, écrit notre confrère, que le
malade, aussi bien d'une main que de l'autre, ne savait
pas, les yeux fermés, reconnaître les objets qu'on
y plaçait: un porte-plume, un lorgnon, etc., et cependant il en distinguait et décrivait très nettement les
caractères physiques, et cependant aussi, en voyant
l'objet, il le nommait sans hésitation ni erreur. Il y
avait perte de la *sensibilité stéréognostique*. Je pous-
sai la recherche plus loin, et je m'aperçus que le
malade avait également perdu, les yeux fermés, et la
possibilité d'exécuter les mouvements à signification
spéciale et la possibilité de les reconnaître lorsqu'on
les lui faisait exécuter passivement. Je m'explique. Si,
le malade ayant les yeux fermés, je lui plaçais le bras
tendu, l'index allongé, il me décrivait bien la position
donnée à son membre, mais sans arriver à en expliquer la signification, et si je lui disais, toujours après
lui avoir fermé les yeux: « Faites le geste de dési-
gner un objet dans le lontain », il ne pouvait y réus-
sir, alors que si je détaillais: « Étendez le bras,
étendez l'index, fermez les autres doigts », il réussis-
sait parfaitement. Il y avait donc perte, non seulement de la *sensibilité stéréognostique*, mais encore
de variétés spéciales, correspondantes, du sens musculaire et de la motilité. » Le même auteur rapporte

1. *Gazette des Hôpitaux*, n° 61, 3 juin 1902.

ce qui suit d'un autre malade atteint également d'une lésion frontale : « Il présenta de l'abolition de la sensibilité stéréognostique et une sorte d'incoordination motrice des membres droits, sur laquelle il attira à maintes reprises mon attention, se plaignant d'être obligé sans cesse « de regarder son travail », et que rétrospectivement je crois pouvoir rattacher à des troubles de la motilité stéréognostique ».

Il résulte manifestement de ces faits (1) et de quelques autres que le lobe frontal non seulement préside à la coordination des mouvements musculaires, mais qu'il sert à la sensibilité *stéréognostique* non moins qu'à la motilité *stéréognostique*, pour parler comme notre confrère Chipault. Si celle-ci a une vertu *significative* et se rapporte nettement à la *mimique*, la première nous apparaît comme la faculté de *discernement* ou comme *l'estimative*.

Faut-il le répéter, ce ne sont là que les premiers jalons de la science, des indications qui font présumer le siège de la faculté animale, mais qui ne l'établissent pas. Elles n'en sont pas moins intéressantes et précieuses. Et il faut vivement souhaiter que les savants se portent de plus en plus 'de ce côté pour multiplier les observations et les expériences. La science y trouvera son compte, et la philosophie n'y perdra rien.

---

1. On les trouvera amplement exposés dans notre livre *L'Ame et le Cerveau*, 3<sup>e</sup> édit.

# CHAPITRE XVII

## Imagination et mémoire

Superposées au sens commun, l'imagination et la mémoire sont deux facultés importantes qui englobent en quelque sorte les différents sens et servent à l'exercice des facultés spirituelles. La psycho-physiologie qui connaît tous les secrets de la vie psychique devrait nous en révéler la nature et le fonctionnement. Hélas ! elle ne nous livre à leur égard que de vaines hypothèses; ce qui est loin d'encourager et de justifier ses prétentions à aller plus loin et plus haut, à expliquer le jeu de l'intelligence et de la volonté. Il faut recommander aux physiologistes de ne pas forcer leur talent : qu'ils s'appliquent d'abord à connaître les mystères de la vie animale, et le reste viendra plus tard.

L'imagination conserve et associe les *images*, la mémoire les conserve également et les reconnaît. Avant d'étudier ces facultés, il faudrait se rendre un compte exact de leurs éléments, et c'est la plus rude tâche.

Qu'est-ce que l'*image* ?

L'*image* est la représentation interne des sensations. Elle se produit avec ou sans les objets qui ont
déterminé la sensation. *L'image n'est pas la sensation*
et ne saurait être confondue avec elle : c'est un acte
supérieur et distinct de la sensibilité. Sentir est une
opération, imaginer en est une autre. Nous imaginons tous les jours sans sentir, comme nous sentons sans imaginer. Nous savons donc, d'expérience
intime, ce que c'est que sentir, ce que c'est qu'imaginer. Mais pouvons-nous aller plus loin dans la voie
de la connaissance et donner une définition suffisante
et adéquate de l'image, nous faire une idée de cette
image ? Malheureusement non. L'image ne peut être
saisie directement dans sa nature, parce qu'elle n'est
pas concevable. C'est elle qui fournit à l'intellect
l'élément de son exercice. *Nous ne pouvons pas penser sans son concours.* Comment nous en rendre raison ? Ne connaissant que par les sens et l'imagination, nous ne pourrions définir l'image que par
elle-même.

Il faut se rendre à l'évidence, l'image *est l'image*
et demeure profondément inconnue dans sa nature
intime. Toutes les philosophies se sont arrêtées
devant cette insurmontable difficulté et s'y sont bri-
sées. Un distingué philosophe n'hésitait pas naguère
à le reconnaître. « Sans doute, écrivait l'abbé H. Gayraud, il serait très utile de connaître avec précision
et clarté ce qu'est une image, un fantôme et de faire
dans sa production la part de l'activité psychologique de l'âme et celle de l'activité physiologique de

l'organe cérébral. Mais les scolastiques, qui abondent en formules et ont excellé dans l'art des classifications logiques, *ne nous ont rien appris sur ce sujet*. Je ne crois pas que la philosophie moderne, sensualiste ou cartésienne, française, allemande ou anglaise, ait beaucoup éclairci ce mystère de la psychologie. Quant aux curieuses recherches de la psycho-physiologie, elles n'ont jeté sur ce point obscur aucune lumière (1). »

Notre savant ami le dit justement, l'image constitue le mystère de la psychologie, et ce ne sont pas nos savants du jour qui arriveront à le divulguer. Ils n'ont pas *vu* les images qu'ils décrivent, mais ils les *imaginent* et ils en font le pivot de toute la vie psychique. Ils sont incapables de nous dire le fonctionnement physiologique de l'imagination, ils ignorent la *vie animale* et ils osent prétendre à la connaissance de la *vie mentale !*

La psychologie distingue deux facultés, la mémoire et l'imagination, sans arriver toujours à les séparer nettement. Toutes deux recueillent les images : voilà le point commun. Comment s'associent-elles ? C'est le mystère. Mais on s'accorde à leur attribuer un rôle spécial.

La mémoire est la gardienne du passé : elle retient et représente les images accumulées dans le cours des ans, mais elle se borne à cette fonction ingrate de reproduction.

---

1. *Suggestion mentale et télépathie*, ext. de *Quinzaine*, 1896, p. 12.

L'imagination associe et combine les images entre elles, en forme des tableaux vrais ou fictifs et est manifestement créatrice ; son pouvoir d'évocation est surprenant, mais souvent au détriment de la réalité, et la raison doit toujours contrôler et rectifier les données qu'elle fournit à la conscience.

La première faculté rapproche les images dans un ordre logique, celui du temps, et les représente telles quelles ; la seconde les groupe arbitrairement, et suivant ses fantaisies capricieuses. En d'autres termes, la mémoire nous montre en général les choses telles qu'elles sont, l'imagination nous les présente trop souvent telles qu'elles pourraient être.

Chaque faculté n'en a pas moins une originalité propre et une vertu supérieure. Si l'imagination possède un fonds inépuisable de représentations qui donne à son exercice un attrait passionnant et magique, la mémoire a aussi une merveilleuse fécondité qu'on n'admirera jamais assez. C'est un arsenal prodigieusement vaste, où l'esprit saisit, groupe et, au besoin, sait retrouver les faits les plus compliqués ou les plus anciens, les impressions les plus frivoles comme les émotions les plus fortes, les événements de l'histoire publique aussi bien que les incidents de la vie intime et quotidienne.

L'étude physiologique de l'imagination est à peine ébauchée ; et, circonstance étrange, les philosophes sont à peu près seuls à s'en préoccuper. Le siège encéphalique de cette faculté est absolument indéterminé ; et il est probable qu'on le cherchera longtemps encore. Plusieurs limitent arbitrairement le champ de l'imagination, et, tenant l'image pour une sensation rappelée et diminuée, ne séparent pas les deux facultés et leur assignent un centre unique au cerveau : tel est le positiviste Bain. « Comment, écrit-il, envisagerons-nous les impressions reproduites par les causes mentales seules, sans l'aide de l'original ? De quelle manière le cerveau est-il occupé par un sentiment ressuscité de résistance, un odorat, un son ? Il n'y a qu'une réponse qui semble admissible. Le sentiment renouvelé occupe les mêmes parties, de la même manière, que le sentiment original, et aucune autre partie, ni d'aucune autre manière appréciable. Où un sentiment passé pourrait-il être restauré, sinon dans les mêmes organes où le sentiment avait son siège quand il était présent (1) ? »

Le raisonnement de Bain est parfait s'il s'agit de l'imagination passive qui dérive directement de la sensation ; *mais toute l'imagination n'est pas là.* L'imagination ne se borne pas à rappeler une odeur, un son, à ressusciter une sensation quelconque, elle n'est pas seulement passive, elle est encore et surtout active et créatrice : elle enfante des images, les associe, les enchaîne et compose des tableaux que la nature n'a pas fournis. Même dans l'*image composée* qu'elle nous présente journellement, elle dépasse manifestement la sensation : elle s'adresse aux différents sens et unit des sensations multiples en une

---

1. *Les sens et l'intelligence*, II° partie, ch. I.

*seule* image. Comment supposer alors une identité
de siège pour une opération complexe qui dépasse
le domaine même du sens commun ? Comment les
centres cérébraux des sensations, que nous savons
séparément distincts, arriveraient-ils à se fusionner
en un centre unique qui serait celui de l'imagination ?
La difficulté est extrême ; et tout nous oblige à croire
que nous sommes loin du jour où sera déterminée la
localisation de l'imagination.

La mémoire, cette merveilleuse évocatrice du passé,
est la fonction primordiale de notre vie psychique.
Sans elle, pas de pensée réfléchie, pas d'idée fructueuse, pas de raisonnement suivi, pas de vie possible. Tous nos actes intérieurs, comme les actes extérieurs qu'ils inspirent et commandent, dépendent
étroitement de cette faculté organique qui nous rattache au passé. Nous n'avons pas à faire ici son
étude psychologique (1), mais nous devons rechercher les enseignements de la science à son égard.

La mémoire est une faculté psycho-sensible dont
les conditions physiologiques ont toujours été soup-
çonnées sans avoir jamais été approfondies. Le cerveau en est manifestement l'organe, et l'on sait depuis
longtemps que les traumatismes craniens, certaines
paralysies s'accompagnent souvent de perte de mémoire. Parfois même une impression morale, une
émotion violente trouble momentanément la sensibilité et paralyse le souvenir. Mais dans ces phénomè-

1. Dr S. *La Mémoire* ; *L'Ame et le Cerveau.*

nes obscurs, complexes et parfois passagers, il a paru difficile de faire à la mémoire sa juste part et on n'a jamais pensé à déterminer son siège cérébral.

Pline l'Ancien raconte des accidents singuliers qui se rattachent à la mémoire. Un homme reçoit un coup de pierre à la tête et aussitôt oublie toutes ses lettres ; un autre fait une chute, après laquelle il ne se souvient plus du nom de ses parents. Enfin on connaît le cas de l'orateur Messala Corvinus perdant tout à coup le souvenir de son propre nom. Cette influence du cerveau sur l'évocation des mots a paru longtemps mystérieuse, elle s'éclaire à la lumière de la science contemporaine : nous y reviendrons.

La mémoire est une faculté organique, vitale, sensible qui est naturellement incomparable et puise dans son association intime avec les facultés psychiques une élévation supérieure. On s'est toujours efforcé d'en rendre raison ; mais les explications qu'on en a cherchées dans la physique ne sont pas acceptables.

Dire que les impressions reçues par le cerveau y forment une *empreinte* durable, s'y marquent *comme le cachet sur la cire*, c'est avancer une amusante proposition qui n'a rien de scientifique et n'a même pas l'analogie pour excuse. Il y a longtemps que Bossuet en a fait justice. « On dit, écrit-il, que le cerveau ayant tout ensemble assez de mollesse pour recevoir facilement les impressions, et assez de consistance pour les retenir, il y peut demeurer, à peu près comme sur la cire, des marques fixes et durables,

qui servent à rappeler les objets et donnent lieu au
souvenir. Mais il ne faut qu'approfondir cette idée
pour voir combien elle est superficielle, téméraire,
insuffisante même en général et encore infiniment
plus en détail (1). » Et la comparaison du cerveau
vivant et sentant avec la cire brute est justement flé-
trie en ces termes par le grand évêque : « C'est une
grossière imagination qui ferait l'âme corporelle et
la cire intelligente. »

L'opinion singulière qui prétend expliquer *physi-
quement* les facultés sensibles est de tous les temps,
parce qu'elle n'exige pas un grand effort d'idée,
parce qu'elle répond surtout au besoin instinctif que
l'homme éprouve de *matérialiser* toutes choses. Elle
n'a pas cédé devant l'excellent argument de Bossuet,
elle n'abdique pas devant les démentis positifs de la
science, et nombre d'auteurs la professent ouverte-
ment aujourd'hui. Des philosophes réputés, des spiritualistes n'hésitent pas à attribuer la mémoire à la
*déformation des cellules cérébrales :* écoutons-les.

« *Toute cellule qui a fait un mouvement,* déclare
Domet de Vorges, *garde quelque chose de ce mouvement,* de même que tout corps qui a subi une inflexion garde très longtemps quelque chose de cette
inflexion. Les molécules, dérangées de leur position
première, ne la reprennent jamais complètement et
restent disposées à se prêter à la position déjà occu-
pée. Pliez une feuille de papier, elle conservera très

---

1. *Connaissance de Dieu et de soi-même,* chap. III, par. X.

longtemps la tendance à reformer le même pli. Une
fois remise à plat sur la table, il suffit qu'un souffle
quelconque l'agite pour qu'elle reprenne le pli pri-
mitif. *Ainsi la cellule, quand une forme lui a été
imposée fortement* (il n'y a que les impressions fortes
ou répétées qui se conservent), *si le cours du sang
ou l'influx nerveux vient à la secouer, tendra tout
naturellement à reprendre la forme déjà subie.* Le
retour de cette forme sollicite la puissance qui rappelle la même image déjà présentée (1). » Il n'y a
pas lieu de réfuter une thèse aussi imaginaire. Le
papier est comme la cire, il n'a rien de comparable
à une cellule nerveuse, à un neurone, et la physiologie n'est pas la physique.

Mais les philosophes, particulièrement ceux de
l'école thomiste, ne voient pas de bornes à la physique
et l'introduisent hardiment sur le terrain biologique
qu'ils ignorent. L'un d'eux, M. Farges ne craint pas
d'imaginer une théorie « physiologique » de la mémoire et de la faire reposer « sur la persistance des
*phénomènes vibratoires* dans les fibres cérébrales ».
« Si la *vibration physique, lumineuse, sonore,* etc.,
dit-il, *qui constitue l'image* persiste dans l'une des
innombrables fibres ou cellules cérébrales, et si elle
persiste en acte, il nous est facile de comprendre
qu'elle puisse réveiller la puissance de l'âme et la
déterminer à revoir tel objet plutôt que tel autre.
*L'image physique déjà existante dans l'organe céré-*

1. *La perception et la psychologie thomiste,* 1892, p. 76.

*bral* deviendra physico-psychique par un simple
effort d'attention et un acte de conscience. En même
temps cet effort *lui donnera comme un ébranlement
nouveau,* qui la ravivera si elle était en voie de s'af-
faiblir et de s'éteindre (1). »

La physiologie de l'abbé Farges n'est pas celle de
l'École, ce n'est pas la nôtre. Les plus ardents matérialistes n'oseraient pas la professer. Pourquoi? Parce
qu'elle méconnaît gravement les faits biologiques et
que les lois des corps bruts ne sont pas celles des
corps vivants. Nul savant ne pourrait admettre de
confiance les *ébranlements,* les *vibrations* des nerfs,
sans les avoir vus, constatés, expérimentés. Et qui
pourrait se vanter d'avoir contemplé pareille merveille ?

La science ignore absolument le « mécanisme »
physiologique de la mémoire ; mais tout ce qu'on peut
affirmer dès aujourd'hui, sans craindre la contradiction et en s'appuyant sur l'enseignement persévérant
et invariable des faits, c'est que la physique ne saurait rendre compte de la biologie. Chacune de ces
sciences appartient à un ordre distinct et différent.
Jamais la vie d'un organisme, jamais la vie d'une
cellule vivante ne se réduira à un vulgaire *mouvement
moléculaire,* à des *ébranlements,* à des *vibrations* lon-
gitudinales ou autres, parce qu'elle suppose et réclame
en dehors et au-dessus de ses conditions physiques
qu'on ignore un principe immanent et essentiel, parce

1. *Le cerveau, l'ame et les facultés,* p. 276.

qu'elle obéit à des lois spéciales, aux lois de l'âme procréatrice et directrice. Et nous ne parlons ici que de la mémoire organique, *animale*. Que dire de la mémoire *humaine ?* Ce n'est pas seulement une faculté sensible liée à un organe nerveux, c'est une faculté *psycho*-sensible, où l'intelligence et la volonté ont une large part, une action prépondérante ; et c'est une fausse et vaine prétention de vouloir l'étudier et la connaître en dehors des facultés supérieures qui la pénètrent, la gouvernent et lui donnent force, étendue et valeur (1).

Faut-il parler de la *théorie histologique* de la mémoire qui a été soutenue naguère par plusieurs maîtres, et non des moindres, et a pris place quelque temps dans la science ? Elle ne repose sur aucune base sérieuse et a été justement abandonnée, mais elle séduit encore trop d'esprits simplistes pour que nous n'en disions pas un mot. On sait que la conception du tissu nerveux élémentaire s'est complètement modifiée depuis les travaux de Ramon y Cajal, Deiters, Exner, Golgi, etc. Les cellules nerveuses ont fait place aux *neurones*.

Qu'est-ce qu'un neurone ?

C'est un élément histologique, composé d'un corps cellulaire et de prolongements, *prolongements protoplasmiques* et *prolongement cylindraxile*. Les prolongements protoplasmiques, émanés du corps cellulaire, se ramifient aussitôt en forme d'arborisations,

1. D^r S. *La Mémoire.*

appelées *dendrites ;* le prolongement cylindraxile est lisse, unique, mais ne tarde pas généralement à se diviser et à se subdiviser.

Constitués par les cellules et leurs prolongements, les neurones forment des unités spéciales, distinctes, qui ne se confondent pas entre elles. Il n'y a pas d'anastomoses, pas de communication directe entre les différents neurones. Les prolongements d'une cellule arrivent en contact ou contiguïté avec ceux des cellules voisines, avec les fibres mêmes, mais aucune continuité de substance ne les rattache ensemble.

Telle est la conception nouvelle de la science. Elle s'appuie sur l'observation au microscope. Mais, est-il besoin de le dire, la contexture de la substance grise *vivante* est des plus difficiles à établir ; et les plus grands maîtres y ont usé leurs yeux. Nous avons cité ailleurs (1) le témoignage autorisé de notre maître Ranvier. Le savant professeur du Collège de France regarde les prolongements protoplasmiques comme « les équivalents des fibres nerveuses », mais il ajoute ; « Jusqu'à présent il a été impossible de déterminer, par l'observation directe, la terminaison ou les rapports ultimes de ces prolongements. »

Mais les savants grisés par la nouvelle découverte n'ont pas mis de borne à leur imagination. Les neurones reconnus, le fonctionnement de la vie nerveuse n'eut plus de secrets pour eux. Ils enseignèrent har-

---

1. Dr S. *Neurones cérébraux et psychisme transcendant,* Sueur, 1896.

diment que les prolongements cellulaires, analogues aux tentacules des poulpes ou aux pseudopodes des amibes, étaient essentiellement mobiles et que de leur expansion ou de leur rétraction dépendaient les divers processus psychiques. Imaginez les pieds des neurones en mouvement, tantôt raccourcis, tantôt allongés, et voilà toutes nos facultés expliquées !

La mémoire est du nombre. Les tentacules des neurones vont en quelque sorte au-devant des impressions, saisissent les images, et se replient sur eux-mêmes dès qu'ils les tiennent. Un souvenir tend-il à reparaître : le neurone qui en est le siège se détend, s'étale, et ses prolongements, épanouis, livrent sans effort le secret retenu. Quoi de plus évident et de plus simple !

Les mouvements des prolongements n'ont jamais été constatés, mais on les suppose établis pour les besoins de la théorie. Comment s'exécutent-ils ? Comment sont-ils possibles avec la contexture serrée du tissu cérébral ? C'est ce que nos aventureux auteurs n'expliquent pas : ils ne savent pas sans doute que les injections interstitielles, si utiles pour les *préparations* de moelle épinière sont inapplicables au cerveau. « Le tissu cérébral, déclare Ranvier, est imperméable, contrairement à celui de la moelle. Les différents éléments qui le composent sont unis ou soudés assez solidement ensemble par un *ciment* qui fait défaut dans la moelle épinière. » Il faut croire que nos théoriciens sont brouillés avec la science, puisqu'ils professent que les prolongements se meuvent avec aisance dans le tissu cérébral, à moins que peu familiarisés avec le microscope ils n'aient cru voir leurs mouvements. N'insistons pas, car on a fait justice de leur illusion et on ne parle plus de la théorie histologique de la mémoire.

La science a mieux à faire qu'à enregistrer de vaines hypothèses, elle enregistre des faits. Et ces faits lui permettent aujourd'hui de localiser la mémoire. Grâce aux beaux travaux du professeur Pierre Marie (1906) nous savons que les *aphasiques* sont en réalité des *amnésiques*. Le langage s'alimente nécessairement dans la mémoire; et quand le centre cérébral de cette dernière faculté se trouve lésé, le patient est incapable de parler, il est aphasique. Le *lobe de la mémoire* est découvert : c'est le lobe temporo-pariétal gauche, les centres du langage étant relégués au noyau lenticulaire. Sans doute cette localisation n'est pas déterminée dans tous ses détails et appelle de nouvelles recherches. Il n'y a pas qu'une mémoire, nous l'avons dit, *il y a des mémoires;* et l'avenir nous dira la localisation précise de chacune d'elles. Mais d'ores et déjà il importe de se rendre compte de la valeur des travaux de Pierre Marie, d'autant plus que plusieurs de nos maîtres s'acharnent à la nier ou à la diminuer.

L'histoire du *lobe de la mémoire* est pleine d'intérêt et d'actualité, mais elle ne saurait trouver place ici. Nous l'avons exposée ailleurs dans tous ses détails (1) et nous sommes fier de l'avoir mise le pre-

1. Dr S. *L'Ame et le Cerveau*, 3e éd.

mier en relief. Ce n'est pas seulement un admirable
progrès de la science, qu'il faut saluer ici, c'est encore le plus précieux encouragement à poursuivre
l'étude de la vie animale et des facultés sensibles,
car c'est la confirmation de la vieille doctrine des
localisations et le présage de nouvelles découvertes.

# CHAPITRE XVIII

## Les facultés supérieures

Les facultés supérieures de l'esprit, les facultés spirituelles sont l'*intelligence* et la *volonté*. Elles s'élèvent au-dessus de la matière et constituent notre prérogative, notre caractéristique essentielle. Mais elles ne s'exercent pas sans le concours de la sensibilité, elles sont nécessairement conditionnées par les facultés inférieures ou sensibles. La coopération de ces facultés est intime, incessante et fait l'unité de la vie psychique. Il en résulte que partout, dans la moindre opération comme dans la plus haute, on retrouve la pensée et la sensation associées ; mais leur part, pour être toujours parallèle, n'est jamais égale. On ne comparera jamais exactement, et surtout on ne confondra jamais ce qui appartient à l'ordre sensible et ce qui revient à l'ordre intellectuel. Un abîme sépare l'idée de la sensation : c'est le même qui existe entre l'homme et la bête.

La pensée est une chose, la sensation en est une autre. Il n'y a pas de mesure commune, pas de confusion possible entre ces deux formes de l'activité psychique. Nous percevons un corps par le moyen d'un organe animé, c'est-à-dire d'un corps : voilà sentir. Nous percevons ou connaissons une chose immatérielle par le moyen d'une faculté immatérielle : voilà penser.

Nous ne nous bornons pas à penser, nous raisonnons. C'est un merveilleux privilège de l'homme, et celui-là incontesté. Les matérialistes qui ont attribué gratuitement la pensée à certains animaux, n'ont jamais osé les gratifier de la raison, les croire capables de raisonnement. Qu'est-ce donc que raisonner ? C'est inférer une vérité d'une autre vérité, au moyen d'un principe général exprimé ou sous-entendu. Et cette faculté ne se localise pas comme une vulgaire sensation, elle s'étend à l'infini, elle est illimitée ou, pour mieux dire, universelle.

Voilà le point important qu'on ne saurait trop mettre en relief. L'esprit humain se distingue par son universalité. Sa preuve saisissante et invincible se tire de la nature de nos concepts. La caractéristique de la pensée, il faut le dire et le répéter, c'est l'universalité et la nécessité de son objet. C'est là ce qui distingue les premiers principes de la raison et les conceptions les plus simples de l'intellect, comme la notion de l'être et la notion de chaque nature d'être. Or, l'universalité entraîne, exige l'immatérialité de la substance pensante.

La matière, même organique et vivante, n'a pas, ne saurait avoir l'universalité. Toute la matière, en effet, est étendue, a une forme sensible. Or, tout ce qui est étendu est figuré, limité, déterminé, et cette individualisation nécessaire est absolument contraire à l'universalité. Un organe étendu ne saurait porter ni comprendre l'universel. Donc, la pensée n'a pas d'organe, n'est pas corporelle, donc elle est spirituelle.

Penser, c'est donc concevoir l'abstrait et l'universel, c'est concevoir l'immatériel. Dès lors, quel champ démesuré s'ouvre devant notre esprit ! Les idées s'élargissent, se transforment, s'étendent, se développent à l'infini. Les notions, les termes se joignent, s'ordonnent en forme de jugements, et parce que les termes entrés dans ces jugements sont généraux, les jugements deviennent eux-mêmes généraux, universels. Prenons par exemple les idées de tout, de partie, de grandeur. En puissance de ces trois termes, l'esprit formule tout de suite ce jugement général : le tout est plus grand que sa partie. Soit encore les notions de cause et d'effet : dès qu'elles sont posées, elles amènent ce jugement universel : tout effet a une cause proportionnée.

Penser, ce n'est donc plus seulement concevoir l'immatériel et l'universel, posséder des notions générales, c'est concevoir et formuler des principes, des axiomes. Et que ne peut-on pas avec de telles armes ? On raisonne à l'infini, on procède du connu à l'inconnu, on se sert de ce qu'on sait pour arriver sûrement à la connaissance de ce qu'on ignore. En un mot, on a le moyen de savoir, le secret du progrès, la clef de la science.

L'histoire de l'humanité montre que tout est venu de son esprit et de sa volonté : elle se résume dans un progrès incessant, dans une marche continue en avant par les chemins diversifiés de la science, des arts et de la civilisation. Qui contesterait ces faits nierait l'évidence du soleil ? Mais ne serait-il pas aussi déraisonnable d'y nier la marque distinctive de notre esprit, la preuve étincelante de notre spiritualité ?

L'intelligence et la volonté constituent deux facultés spirituelles dont l'étude relève non pas de la physiologie, mais de la psychologie. Leur localisation a été vainement cherchée, elle est impossible ; et la généralité des maîtres est d'accord pour y renoncer.

Mais les facultés supérieures ne forment pas tout le *psychisme*. Il comprend surtout les facultés sensibles, l'estimative, le sens commun, l'imagination, la mémoire. Et de ce côté les recherches s'imposent d'autant plus que la science a obtenu récemment un retentissant succès. La découverte du siège cérébral de la mémoire fait espérer que les physiologistes ne scruteront pas en vain l'encéphale et y trouveront bientôt des localisations nouvelles. L'essentiel est qu'ils se gardent des erreurs anciennes et qu'ils abordent le problème cérébral sans préjugés, avec une connaissance suffisante de la psychologie.

Mais, dira-t-on, ces facultés que vous appelez sensibles, le sens commun, l'imagination, la mémoire se rattachent visiblement aux facultés supérieures, et c'est pourquoi le professeur Grasset les appelle psychiques. Nous n'y contredisons pas. L'intelligence et la volonté dominent la vie psychique, et l'on retrouve dans les moindres faits sensibles une part de pensée. Mais pour être mêlé aux actes de la sensibilité, l'esprit ne se confond pas avec elle : il demeure supérieur et irréductible à la matière même vivante, et c'est un devoir pour l'observateur attentif de le distinguer des facultés inférieures qu'il pénètre et d'affirmer sa transcendance.

Faut-il ajouter que les essais d'explication des faits psychiques, même inférieurs, par les physiologistes sont voués d'avance à l'impuissance ? On l'a vu plus haut par l'analyse des travaux du professeur Grasset, et nous n'insistons pas.

# CHAPITRE XIX

## Les erreurs de la psycho-physiologie

La psycho-physiologie est *ou devrait être* l'étude des rapports de l'esprit et du corps, de l'âme et du cerveau. Nous l'avons cultivée pour notre part et nous l'avons toujours conçue sous la double direction d'une exacte physiologie et d'une saine psychologie, tenant également compte des données de l'introspection et de l'observation externe. C'est à cette condition seulement qu'elle donnera des résultats sérieux et sera utile à la science.

Celle qui s'inspire du matérialisme est nécessairement vide et stérile. Malheureusement c'est la psychophysiologie qui règne dans nos écoles. Elle se prive du concours de la psychologie, multiplie les sophismes et les erreurs et aboutit à un pitoyable avortement. Nous l'avons vue à l'œuvre au cours de ces pages, mais il nous paraît nécessaire de la citer encore une fois au tribunal de la raison.

La première et fondamentale erreur de nos maîtres est de ne pas voir les deux faces du problème cérébral, faces associées et solidaires. Ils ne considèrent que son côté somatique, faisant litière de l'âme et de ses facultés supérieures. Ou plutôt, étrangers à tout sens philosophique, ils prétendent se cantonner dans la seule physiologie et expliquer par le simple jeu des organes nerveux les merveilles de la pensée humaine. Peu leur importe la logique ! Ils n'ont cure que de faire triompher le monisme, même au détriment des faits les mieux établis, même contre le verdict imprescriptible de la raison.

C'est ainsi que, forts de leur théorie, ils contestent absolument la distinction essentielle qui existe entre l'homme et la bête. Ils citent de celle-ci quelques prétendus traits d'*esprit* sans leur opposer les mille traits de *bêtise* qui sont habituels et caractéristiques. Ils ne remarquent pas l'abîme qui sépare l'*animal tout court* (de Kirwan) de l'*animal raisonnable*, et pourtant cet abîme est évident.

Si élevé qu'on le prenne, si bien doué qu'on le suppose, l'animal reste toujours borné, réduit à la vie sensible. Il ne saurait prétendre à aucun des avantages qui sont dérivés des progrès de la civilisation, aux gros bénéfices que nous a valus notre seul esprit : il n'a rien trouvé, rien inventé, il n'a ni science ni art, il n'a fait aucun progrès, il n'a pas la parole. Pourquoi ? Parce qu'il est dépourvu d'esprit, de facultés mentales, parce qu'il ne pense pas, parce qu'il ne raisonne pas.

Mais à quoi bon insister ? Les matérialistes savent comme nous ces différences, ils ne veulent pas les croire ou les dire essentielles. Ils opinent que la bête jouit comme l'homme de toutes les facultés psychiques, quoique à un degré inférieur. Et les meilleurs arguments ne les sortent pas d'un sentiment irréductible. Ils se refusent à nous attribuer le monopole des facultés supérieures, de l'intelligence et de la volonté.

Où vont-ils du reste se renseigner sur la nature de ces facultés ? Est-ce par une introspection attentive et répétée, chez des sujets bien équilibrés au point de vue mental ? Nullement. La plupart tirent leurs renseignements psychologiques de l'observation des neurasthéniques ou des névrosés, voire même des aliénés pensionnaires de nos asiles. Et l'on devine quelles notions insuffisantes et erronées résultent de ces enquêtes que ne guide pas une raison éclairée et sûre. D'ailleurs, il y a longtemps qu'on l'a remarqué, nos aliénistes n'ont établi la classification des maladies mentales que d'après les vues étroites et sensualistes des philosophes du xviii<sup>e</sup> siècle ; et c'est toujours la même psychologie qui préside aux travaux de nos maîtres (1).

Quelle est la confusion la plus grave et la plus fréquente qui fausse les résultats des observations cliniques les mieux conduites ? C'est la confusion qu'eût évitée la plus élémentaire philosophie entre la *sensation* et l'*idée*. La *sensation* se rattache étroitement à l'organe sensible, en dépend absolument ; l'*idée* appartient au domaine supérieur de l'esprit, elle est seulement conditionnée par l'image que fournit l'organe sensible. La différence est essentielle, elle n'est

1. D<sup>r</sup> S. *La Folie.*

pas admise par nos maîtres. Et c'est ainsi que se perpétuent les discussions et les malentendus. L'un parle sensation, l'autre comprend idée. La plupart se servent du terme *psychique* qui signifie sensible, cortical, intellectuel, occulte, au gré des auteurs. M. le professeur Grasset lui-même ne garde pas au mot la signification d'*intellectuel* qu'il lui attribue, il le prend souvent au sens de *sensible*; et ce n'est pas pour faciliter la solution du problème cérébral.

Que de difficultés seraient soulevées si l'on s'entendait sur les mots, ou plutôt si tous étaient pourvus d'esprit philosophique, si tous professaient une psychologie raisonnable ! Pour en donner un exemple saisissant, rappelons la grosse question de l'*aphasie* ou de l'*amnésie* où les auteurs sont loin de s'accorder. Pour nous le lobe temporo-pariétal gauche est manifestement le *lobe de la mémoire* qui gouverne de haut l'importante mais secondaire fonction du langage : c'est donc un centre sensitif, et rien de plus. Mais nos savants fermés à l'esprit philosophique ne manquent pas ici de confondre comme toujours l'idée et la sensation, l'intellect et la sensibilité. Le professeur Pierre Marie se défend d'avoir découvert le lobe de la mémoire, il se borne à déclarer que le lobe temporo-pariétal gauche est un centre *intellectuel* spécial, qu'il préside à la *compréhension* du langage parlé : il ne voit pas que pour comprendre une parole, il faut jouir non seulement du sens externe, mais de la mémoire, il prend l'effet pour la cause. Le Dᵣ André Thomas est de cet avis. « Si on range le

langage *parmi les fonctions intellectuelles*, écrit-il, « je
suis bel et bien obligé de reconnaître que l'aphasie
de Broca est un trouble de l'intelligence ; mais c'est
un trouble de l'intelligence portant exclusivement
sur la fonction du langage. » Ni la mémoire ni le
langage ne sont des fonctions intellectuelles. L'aphasique est privé du moyen de communiquer sa pensée :
il ne peut parler parce qu'il a perdu la mémoire. Ne
cessons pas de proclamer que la mémoire est une
faculté sensible, qu'elle est une condition de l'intelligence et l'agent essentiel de la parole articulée.

Nos maîtres ne se contentent pas de confondre
l'intelligence et la sensibilité, pourtant si distinctes,
ils en arrivent à confondre nos facultés spirituelles
ensemble, à prendre la volonté pour l'intelligence, et
*vice versa*. Ce n'est pas seulement le D' Sollier qui
refuse de séparer la volonté du reste de l'intelligence,
ce sont de nombreux savants qui ne voient pas de
différence entre l'une et l'autre. Ils vont même jusqu'à les localiser dans l'écorce cérébrale, dans les
mêmes neurones, mais sans appuyer leur prétention
de la moindre preuve.

La volonté, cette force qui nous gouverne, n'est
pas facile à nier ou à réduire ; et pourtant le matérialisme s'est acharné à diminuer et à défigurer notre
faculté maîtresse (1). C'est ainsi qu'il a cherché à confondre la volonté avec le *caprice* ou l'humeur, comme
si la faculté spirituelle avait rien de commun avec

1. D' S. *La Volonté*, 4° éd.

les mouvements de l'appétit sensitif. Le caprice est instable et violent comme la passion et ne saurait se comparer avec l'appétit raisonnable. Et pourtant de graves auteurs, comme Paulhan, consacrent de longues pages à établir qu'il est une ébauche de volonté, une volonté *au petit pied*. Tous ces efforts sont vains, mais ils s'expliquent. Ne tendent-ils pas à ramener la vie supérieure de l'esprit à la seule sensibilité et au simple fonctionnement de l'encéphale ?

Il n'est pas jusqu'à la sensibilité qui ne soit pas comprise dans son ampleur et séparée dans ses modes. Que d'auteurs ne distinguent pas la sensibilité affective de la sensibilité commune ? Ils confondent ensemble les affections, les passions et les sensations, et les localisent en bloc dans l'écorce cérébrale avec les facultés supérieures. Ce sont les actes *psychiques* seuls qui les intéressent ; et sous ce nom ils englobent les manifestations les plus variées et les plus opposées de la vie mentale. Le cerveau est le seul organe qui y préside, il suffit à tout. Mais où sont les faits qui guident nos savants dans ces singulières attributions ? Où sont les notions philosophiques qui les autorisent ? Nous avons le regret de constater que l'expérience manque ici non moins que la psychologie ; et c'est fâcheux pour l'honneur de la science.

On a beaucoup parlé d'expérimentation dans les prétentieux laboratoires de psycho-physiologie. Quels résultats positifs a-t-on obtenus ? Il serait malaisé d'en citer. Rappelons toutefois la loi psychologique qu'on a voulu tirer de recherches innombrables et qui s'exprime ainsi : *Toute image ou idée tend à se réaliser*. Elle est loin d'être générale et par suite de mériter son nom. Elle se vérifie peut-être chez des malades, névrosés ou aliénés, mais c'est tout. Et si nos savants avaient pris des sujets normaux pour l'étude des facultés psychiques au lieu de s'adresser à des détraqués, ils auraient évité une grossière erreur. L'idée fixe, obsédante, tend à se réaliser, mais elle est sous la dépendance d'une passion morbide. A l'état sain l'équilibre mental est garanti ; l'esprit garde sa maîtrise. L'idée se développe dans son ampleur, suscitant soit le désir soit la répulsion. Et ce n'est pas toujours l'idée la plus caressée qui accapare l'esprit. Souvent on a une pensée détestée qui nous poursuit et nous obsède. La passion soulevée grandit et domine le champ de la conscience. L'esprit peut s'en faire librement l'esclave : il évoque l'idée abhorrée, la maintient sous son regard, en alimente sa haine. Mais il peut de même refouler ce mauvais sentiment, combattre sa passion et reconquérir le calme et la sérénité. L'homme est dans la main de son conseil : il est libre de suivre ses mauvais instincts ou de rester vertueux. Sa volonté est souveraine pour dominer l'automatisme et commander à la bête.

Qui s'en douterait à entendre nos modernes physiologistes ? Ils attribuent à l'automatisme le plus souverain empire sur notre vie et subordonnent à la matière nos facultés supérieures. Double inconséquence qui vicie tous les résultats de leurs observations et les amène à ne rien comprendre de la vie mentale.

CHAPITRE XX

## Conclusion

L'*automatisme* est à l'honneur dans nos écoles officielles, et l'on prétend lui faire expliquer toute la vie mentale. Rien n'est plus simple aux yeux des matérialistes. Les processus psychiques, même les plus élevés, ne diffèrent du mécanisme automatique que par des degrés de complexité. Dès lors si l'on connaît à fond l'automatisme, il est des plus faciles de rendre raison des facultés supérieures de l'esprit.

Qu'est-ce que l'automatisme ?

C'est l'action mécanique réglée et dirigée sans spontanéité et sans volonté. Qui dit automatique dit machinal. Et le type le plus caractéristique se trouve dans l'automate de Vaucanson : c'était une machine qui imitait tous les mouvements d'une créature vivante par l'effet d'un ressort caché, analogue à celui d'une montre. Qu'on déclanche le ressort, et tout le jeu se déroule de lui-même. La spontanéité de l'automate n'est qu'apparente : il ne constitue qu'un pur mécanisme.

La nature vivante ne nous offre rien de semblable à l'automate de Vaucanson ; et pourtant depuis cinquante ans les savants s'efforcent de ramener tous les processus sensibles au simple automatisme. *L'activité automatique* ou *l'activité réflexe* qui est d'ordinaire inconsciente, parfois plus ou moins perçue, se distingue par une grande régularité ; elle est absolument indépendante de la volonté. Mais l'explication en est difficile, et on la cherche encore. Le réflexe organique qui joue un si grand rôle dans le fonctionnement de la vie varie beaucoup suivant les espèces animales : on l'a surtout étudié chez la grenouille et on l'a trouvé d'une simplicité primordiale. Les progrès de la science ont démontré qu'il était beaucoup plus complexe chez les mammifères et surtout chez l'homme. Il ne se localise plus dans la moelle épinière, mais dans l'encéphale et dans les centres corticaux ; il ne se borne plus à l'appel du nerf sensitif et à la réponse forcée du nerf moteur, il comprend nécessairement la mise en œuvre de nombreux centres médullaires et encéphaliques et accuse une spontanéité vivante indiscutable.

Nos savants matérialistes se préoccupent peu d'approfondir ce problème de biologie à peine posé. Ils visent avant tout à expliquer facilement la vie mentale, et à côté des réflexes organiques qui sont automatiques ils placent résolument les *réflexes psychiques*. Quoi de plus simple que l'automatisme psychologique pour nous rendre compte des phénomènes intellectuels et volontaires ! Les réflexes psychiques sont un peu plus compliqués que les réflexes purs, mais, nous déclare catégoriquement M. Paulhan, « ils

s'accomplissent avec à peu près la même régularité
et la même fatalité. En irritant une patte de grenouille décapitée, on lui fait retirer cette patte. Mais
en irritant l'amour-propre d'un homme vaniteux on
est à peu près sûr de provoquer des réactions ins-
tinctives presque aussi fatales et aussi faciles à prévoir que les mouvements de la grenouille. Et ces
diverses réactions manifestent des lois d'irradiation
et de complication à peu près analogues, à mesure que
croît l'excitation (1) ». Et notre philosophe peu sûr
s'abrite ici derrière les plus hautes autorités de la
science... d'autrefois.

C'est le professeur Rouget de Montpellier écrivant
dès 1860 : « Si diverses et si complexes qu'elles soient
en apparence, les fonctions du système nerveux se
rattacheront toujours à cette forme simple et élémentaire qui constitue le mouvement réflexe ou impression transformée en action. »

C'est Griesinger disant : « La vie psychique de
l'homme et des animaux commence dans les organes
des sens et son courant perpétuel jaillit au dehors par
l'intermédiaire des organes du mouvement ; le type
de la métamorphose de l'irritation sensitive en impulsion motrice est l'action réflexe, avec ou sans perception sensitive. »

C'est le professeur Herzen de Lausanne : « Le mécanisme de la vie de relation en général et spécialement de la vie psychique se réduit, abstraction faite

_______________

1. *La Volonté*, p. 7.

des organes auxiliaires de réception et de restitution, au mécanisme des centres nerveux, à l'action réflexe... La sensation réflexe est le phénomène fondamental et caractéristique de la psychicité ; sans elle la réaction motrice est automatique, purement mécanique, comme la plupart des réflexes spéciaux ; avec elle, elle est plus ou moins consciente, plus ou moins volontaire et plus ou moins intelligente, comme la plupart des réflexes cérébraux. »

A l'appui de la belle thèse, le professeur Beaunis a proposé l'exemple d'un homme qui reçoit un coup de pierre et qui se venge. Nous avons montré ailleurs (1) combien ce cas est désastreux pour la doctrine qu'il prétend servir. « Entre la modification du centre nerveux sensitif et celle du centre nerveux moteur, écrit notre confrère, se trouve interposée une série d'actes psychiques qui ne sont pas reconnus, même par une analyse délicate, comme des phénomènes de mouvement, mais qui sont reconnus *comme appartenant au moi, à ce même moi qui sent et qui veut.* Mais, d'un autre côté, je remarque que les phénomènes de transmission nerveuse, qui sont incontestablement des modes de mouvement matériel, ne sont pas connus par la conscience et qu'il faut une analyse très rigoureuse et très difficile pour les constater. J'en conclus qu'il se passe au dedans de nous, dans les centres nerveux en particulier, des phénomènes de mouvement dont nous n'avons pas cons-

_______________

1. *Le Problème cérébral*, p. 39.

cience et qui n'en existent pourtant pas moins, et que ces phénomènes de douleur, de colère et de volonté *vourraient* bien être aussi de même ordre, et n'être autre chose que des mouvements. »

La science, hélas! ne se contente pas de possibilités, elle exige des faits. Or rien ne prouve l'automatisme rêvé par le professeur de Nancy. D'ailleurs il se condamne lui-même par l'exemple proposé. Vous recevez une claque, vous en rendez une autre : le mouvement centripète du nerf sensitif se convertit dans les cellules idéomotrices en un mouvement centrifuge du nerf moteur... et le tour est joué.

Mais notre matérialiste s'est laissé entraîner par son imagination. Il n'a pas réfléchi qu'on peut librement, après un soufflet, ne pas riposter ou rendre deux claques pour une. Alternative qui le confond et renverse du coup son extravagante hypothèse.

Non seulement le mouvement extérieur transmis à un nerf sensitif ne se transforme pas intégralement et fatalement en excitation motrice, mais encore il n'y a pas de proportion entre ce mouvement extérieur et l'impression sensible pas plus qu'entre cette impression sensible et l'action musculaire consécutive, contrairement à toutes les affirmations des matérialistes. Pincez légèrement la patte d'une grenouille décapitée, disent-ils, elle retire seulement cette patte ; pincez plus fort, les deux membres postérieurs se retirent.

L'expérience est rudimentaire et ne suffit pas à établir la loi des actions réflexes. Si l'on considère l'homme, et non plus un animal à sang froid. les résultats sont tout différents. L'exemple le plus caractéristique est fourni par le chatouillement de la plante des pieds. Plus le mouvement externe est faible, plus l'impression est vive et l'incitation motrice violente. Une agitation pénible, des contractions des membres et de la face, des secousses convulsives, un rire aigu, douloureux, irrésistible, accablent et brisent le patient : les troubles nerveux les plus graves, la mort même ont été la conséquence de ces attouchements en apparence inoffensifs. Si le chatouillement augmente en force et en durée, il n'a plus qu'une action insignifiante sur l'organisme. Dans le même ordre de faits, on peut citer : le léger chatouillement de la pituitaire qui suffit à provoquer un violent ébranlement de tout le système respiratoire, l'éternuement ; l'irritation inappréciable du ténia qui détermine subitement chez l'homme des crises effrayantes d'épilepsie ; celle des vers intestinaux qui cause des convulsions chez les enfants.

Il y a là une disproportion éclatante entre le mouvement incitateur et l'acte réflexe qui suit, et l'illustre Gratiolet l'avait signalée il y a longtemps en en marquant la valeur : « Si l'arc nerveux, disait-il, n'était qu'un simple conducteur, l'énergie de la réaction n'étant modifiée par l'intervention d'aucun agent particulier, serait nécessairement proportionnelle à l'énergie de la stimulation. Mais l'expérience démontre qu'il n'en est point ainsi ; une réaction forte peut suivre une stimulation faible, et réciproquement, à une stimulation faible peut, dans certains cas, succéder une réaction puissante. »

La science constate, elle n'explique pas ces étonnants résultats. Elle doit avouer son ignorance devant les actes réflexes les plus simples qui accusent une merveilleuse spontanéité de la vie. Comment pourrait-elle prétendre à nous donner la raison du moindre fait psychique ou intellectuel, elle qui recule impuissante devant le plus élémentaire fait biologique ?

C'est en vain que M. le professeur Grasset tente de distinguer un degré intermédiaire entre l'acte réflexe et l'acte psychique supérieur et qu'il désigne sous le nom d'acte *automatique* l'acte psychique inférieur ; il ne fait qu'embrouiller une question difficile. « Le neurone, écrit-il, reçoit l'énergie extérieure, l'emmagasine, l'élabore et la transforme, puis l'émet à l'extérieur. Dans cette fonction, deux cas bien différents doivent être distingués et étudiés séparément : dans l'un, la transformation de l'énergie reçue est immédiate, et immédiate aussi est son émission sous une nouvelle forme : c'est l'*acte réflexe* ; dans l'autre, la transformation de l'énergie est lente et l'emmagasinement prolongé ; plus ou moins retardée est ainsi l'émission sous une nouvelle forme : c'est *l'acte psychique*.

« C'est ce caractère qui fait souvent qualifier l'acte psychique de *spontané* par opposition à l'acte réflexe qui est *provoqué*.

« Si donc on veut sérier tous les actes neuroniques depuis le phénomène de la rotule jusqu'à l'acte que j'accomplis en rédigeant ce chapitre, on le peut à la rigueur ; mais ce serait une grosse erreur que d'identifier les deux phénomènes. Dans l'acte réflexe, même le plus compliqué, l'émission d'énergie suit la réception et le rôle de la cellule se borne à transformer le mode de manifestation de cette énergie. Dans l'acte psychique le plus simple, l'émission d'énergie ne suit que de loin la réception, correspond même à des énergies reçues à des moments différents ; la cellule a bien transformé l'énergie comme dans le réflexe, mais elle l'a aussi emmagasinée et l'élaboration en a été plus longue et plus complète. C'est ainsi que la *note personnelle* du neurone intervient beaucoup plus dans l'acte psychique que dans l'acte réflexe (1). »

Félicitons notre confrère d'admettre une note *personnelle* dans les neurones, mais rappelons-nous que pour lui *psychique* est synonyme d'*intellectuel*. Il serait peut-être prudent pour notre maître de ne pas s'aventurer sur le terrain intellectuel avant de connaître à fond la neurobiologie, avant de savoir la nature de l'*acte réflexe* avec lequel tant de savants confondent encore l'acte psychique. Or, nous ne cesserons pas de le répéter, nous ne savons rien, ou peu de chose, de l'automatisme. Comment cet automatisme nous conduirait-il à la connaissance de la vie psychique ? Comment la physiologie aux prises avec toutes les difficultés de l'expérience externe aspirerait-elle à remplacer la psychologie, à nous donner la science de l'âme ?

1. *Physiopathologie clinique*, p. 34-36.

En face d'un *automatisme* soupçonné plutôt que révélé, se dresse toute la *vie mentale*, si évidente pour chacun de nous, si bien connue par l'introspection, si largement explorée par les penseurs de toutes les époques. Qui voudrait, qui pourrait mettre en doute l'enseignement avéré de la psychologie ? Nul ne peut nier le témoignage de la conscience ; nul ne peut contester l'existence de l'esprit et des facultés supérieures. Et entre cette intelligence qui nous confond et nous distingue et le corps matériel qui lui sert d'instrument, il y a une différence essentielle de nature que tous doivent reconnaître. « Le reproche essentiel, avoue le professeur Beaunis, qu'on peut faire à l'hypothèse de la production matérielle de la pensée, c'est que certains faits ne sont pas prouvés, *que beaucoup sont inexpliqués et inexplicables* (1). » Tout est là. La science ne doit parler qu'au nom de l'expérience, et les plus brillantes hypothèses, même celles de Grasset, ne valent pas un seul fait. Vivons dans les réalités, sans attendre demain pour nous guider, sans escompter l'avenir.

Nous connaissons très mal le cerveau, nous connaissons très bien l'esprit et ses facultés. Pourquoi irions-nous déraisonnablement sacrifier le connu à l'inconnu, la psychologie certaine à une cérébrologie encore douteuse ? Le mieux est de reconnaître nettement les rapports entre l'intelligence et le cerveau

---

1. *La force et le mouvement.* Revue des cours scientifiques, 24 janvier 1874.

et de tout mettre en œuvre pour les établir en recourant à la double lumière de la philosophie et de la science.

Notre grand poète Victor Hugo l'a dit avec vérité : La mer est vaste, immense. Mais il y a quelque chose de plus grand que la mer, c'est le ciel. Et il y a encore quelque chose de plus grand que le ciel : c'est l'esprit de l'homme !

# TABLE DES MATIÈRES

MAYENNE, IMPRIMERIE CHARLES COLIN